实践存在论美学丛书

从实践美学到实践存在论美学

朱志荣　王怀义　著

苏州大学出版社

图书在版编目(CIP)数据

从实践美学到实践存在论美学/朱志荣,王怀义著.
苏州:苏州大学出版社,2008.6
(实践存在论美学丛书)
ISBN 978-7-81137-051-5

Ⅰ.从… Ⅱ.①朱…②王… Ⅲ.美学-研究 Ⅳ.B83-069

中国版本图书馆 CIP 数据核字(2008)第 048712 号

从实践美学到实践存在论美学

朱志荣 王怀义 著

责任编辑 史创新

苏州大学出版社出版发行
(地址:苏州市干将东路200号 邮编:215021)
丹阳市教育印刷厂印装
(地址:丹阳市西门外 邮编:212300)

开本 880 mm×1 230 mm 1/32 印张 10.5 字数 262 千
2008年6月第1版 2008年6月第1次印刷
ISBN 978-7-81137-051-5 定价:26.00元

苏州大学版图书若有印装错误,本社负责调换
苏州大学出版社营销部 电话:0512-67258835

实践存在论美学丛书编委会

总序

Prologue

在朱志荣教授的热心提议和联络下，在苏州大学出版社的鼎力支持下，我们这一套“实践存在论美学丛书”终于面世了。

实践存在论美学是近十年来我在学习马克思的实践唯物主义（即唯物史观），研究和借鉴现代西方哲学、美学中有价值的思想的基础上提出来的，也是在认真反思当代中国各派美学理论，特别是占主流地位的实践美学的成就与局限，并与“后实践美学”作了心平气和的学术争鸣和交流之后，逐步建构起有一定系统性的理论框架的。

需要特别强调的是，实践存在论美学的提出，并非我一人之力，而是我和一批学生的集体创作。记得当初在美学讨论课上，学生们争论异常激烈，通过反复讨论，大家在一个一个基本问题上逐步达成共识。后来我主编的《美学》教材就是以这些共识为基础的，好几位学生都参与了2001年版初稿主要章节的撰写。过了几年，我发现初版有些问题还没有完全贯彻和体现实践存在论美学的思路，有些问题也没有讲清楚，于是又请了几位学生参与修订，2006年出了修订版。所以，实践存在论美学虽然只是一家之言，却是众人之功，没有学生们（其实他们中不少人已经是教授、博士生导师了）的共同努力，也就不可能有实践存在论美学。

这套丛书以“实践存在论美学”为题，共推出五本，作者除了志荣教授是我的师弟外，其余三位都曾是我的学生。本人的《走向实践存在论美学》主要对实践存在论美学的思想来源、基本思路、框架、论题和主张从总体上进行论述；志荣教授等的《从实践美学到实践存在论美学》则重点梳理实践美学的发展历程、各主要代表人物的美学主张，在此基础上论述实践存在论美学推出的学术背景，对其观点进行学术评析；寇鹏程副教授的《马克思主义存在根基与实践美学》着重论述实践存在论的美学理论依据——马克思主义的实践观与存在论思想的统一和结合；刘泽民教授的《实践存在论的美学思考方式》围绕实践、存在、自由、境界等核心范畴，从思考方式角度对实践存在论美学的基本观点作了比较深入的阐发；刘旭光副教授的《实践存在论的艺术哲学》则讨论了实践存在论作为方法对于艺术研究的意义，并且运用这种方法去解决艺术哲学中的一些基本问题，突出了艺术的实践性质，提出了艺术作品以“实践—存在”的方式展现自身，可以说是实践存在论的艺术论吧。

当然，当代中国美学的发展，存在着无限广阔的空间和多种多样的可能性。不仅实践美学的主流派（李泽厚先生）理论仍可以继续发展，而且其内部多种不同的美学主张也有进一步发展的活力；后实践美学也有多种观点有待展开；在实践美学和后实践美学之外，还有一些独立的美学思想也值得重视。所以，实践存在论美学只不过是寻求当代美学取得突破的许多尝试中的一种。这套丛书也是这种尝试的一部分。既然是尝试，能否成功还有待于检验。我们的态度是，真诚地欢迎来自各个方面的批评指正，只要有道理，我们就修正。我们希望实践存在论美学作为一种美学观念和主张，能够在严肃认真、心平气和的学术讨论和争鸣中逐步得到修正和完善。

最后，我代表几位作者向苏州大学出版社的领导和责编表示衷心的感谢，感谢他们在学术出版并不景气的情况下，对我们这套丛书的厚爱和支持，感谢他们对中国当代美学建设和发展的理解、关心和帮助。

朱立元

2008 年元月写于美国波士顿

目录

Contents

绪　论

实践美学是20世纪中国最重要的、最具特色和最具生命力的美学流派，是中国美学家创立的具有本土特色的美学理论。它以马克思主义的实践论思想为基础，对我国传统美学进行适度继承和吸收，同时融入现代西方美学思想中的精髓，跟随时代的发展而不断充实和完善。

实践美学在我国的提出是在上个世纪的五六十年代。当时国内政治环境的变化和主流意识形态的确立，必然要求包括美学在内的思想文化领域也作出相应的调整，并且达成统一；建国后出现的各种文艺现象以及涌现出的各种文艺创作，也需要哲学美学的理论加以阐释和指导。在这个大背景下，关于美学问题的讨论和思考也就轰轰烈烈地展开了。在讨论的最初，集中进行的是对朱光潜唯心主义美学的批判。尽管直至1956年以前，讨论中占据统治地位的实际上是以蔡仪为代表的机械唯物主义的美学观，但马克思唯物主义美学观的主导地位毕竟被确立了起来，这是实践美学必将作为马克思主义的美学形态呈现出来的决定性因素。

与此同时，在苏联，马克思的《1844年经济学哲学手稿》（简称《巴黎手稿》）首次以俄文全文刊发，不仅牵引苏联美学的发展进入新时期，开始了长达十年之久的关于美的本质的论争，而且这一过程中的具体进展和成果也被同步翻译介绍到我国，直接深化了我国美学界对同一问题的大讨论，也为实践美学的诞生提供了契机。

1956年“双百方针”的提出，使我国美学界的论争缓和了政治气息，美学讨论也从批判回归到了学术范围内的讨论，论争各方都积极地从马克思主义理论中寻求支持。这年年末，围绕“美的本质”问题，有四大美学派别确立了其观点，除了以蔡仪为代表的客观派之外，还有以吕荧、高尔泰为代表的主观派。然而真正承续了我国现代美学自身发展的逻辑行程并且展现了继续向前发展前途的，是朱光潜主张的“主客观统一说”和李泽厚提出的“客观性和社会性统一说”。

李泽厚最早引用《巴黎手稿》中关于自然人化的论述，开创了中国当代美学研究的实践论转向，从而将美的静态属性的分析与动态的历史发展过程联系了起来；同时强调美感的客观社会性内容，提出了美感的矛盾二重性原理和自然的人化等核心思想。他率先以马克思主义的实践观作为理论基石，对“自然的人化”和美学的关系进行了系统发挥，从主体实践与客观现实的能动关系、美与善的统一中界定美，肯定了实践在美学中的本体性地位。而朱光潜作为继王国维之后我国现代美学的主要创始人之一，则开始寻求建立自己与时代相适应的美学体系的途径。大讨论时期，他认真细致地学习了马克思主义哲学思想，把马克思关于精神生产和用艺术方式掌握世界的理论命题与其本身已有的美学积淀融合参证，在主客观统一的基础上着重强调主观意识的能动性，极力肯定人的主观精神在确立客观事物审美价值时的作用，从而实现从心物二分走向心物统一。朱、李二人的学说在彼此之间的辩论交流中互为补充，架构起实践美学发展的理论基础。同时，客观派和主观派也都从各自的角度间接为实践美学的诞生提供了可供参照的美学理论和阐述方式。

实践美学的发展经过了十余年的停滞，到20世纪80年代才重新焕发出生命活力。美学界吸收了南斯拉夫实践哲学中人道主义辩证法美学的合理成分，将人的“本位主义”和个体自我的主体性在理论系统中进行强化和凸显，促成了实践美学的迅速成长和壮大，继而形成一个基础坚实、支脉众多且直至今日仍在不断发展着的美学流派。经过几十年的发展，实践美学已经日渐趋于成熟，并不断深入，为中国化的美学理论建设作出了重要贡献。近几十年来，从阐释马克思主义的基本美学思想开始，李泽厚提出了他的实践美学的思想。而后，朱光潜也在学习马克思、恩格斯思想的基础上提出了他的艺术实践美学的观点。接着，蒋孔阳、刘纲纪等人也纷纷在深入研究的基础上提出了自己的实践美学观。在不断深入的研究中，在应对驳难和讨论中，蒋孔阳形成了自己独特的实践创造论美学思想体系。在此基础上，近年来张玉能教授坚持发展了实践美学，形成了新实践美学；朱立元教授继续引领学者探讨和深化实践美学，使之成为实践存在论美学，体现了实践美学的崭新水平和崭新高度。

李泽厚的实践美学思想经历了从实践认识论到实践本体论（人类学历史本体论）再到实践生存论尤其是个体生存论的变化历程。他所关注的对象，从对美感及美感与美的关系，转换到人类整体生存的基础即人类生存所必需的物质生产活动，最后走向探讨人的生存方式、生存境界和生存意义，这一整体过程始终没有脱离马克思的实践论这一理论基础，演变之中又贯穿着他对康德主体性哲学的改造。而这一过程的最终结果，就是李泽厚的美学思路超出了艺术的局域，拓展到了人、人的生存以及世界这样广而深的大哲学境界。他的“积淀说”尝试解决其主体性实践哲学中工艺—社会结构、文化—心理结构以及群体和个体之间的关系问题，层层剥析，重视实践的理性和群体性的基础地位，继而透视出主体性的二重性，再将主体性的主观方面细化为集体和个体两个层次。而“积淀说”的原理实质上又为个体主体突破创造功能的探究打下了基础，走向其整个美学的最终归宿，即新感性，或称“情本体”。它是李泽厚在现代社会重建个体生存意义和自由理想的重大理论尝试。

朱光潜是将实践美学贯穿于整个中国现当代美学的整体发展脉络中的重要人物。他既是最早比较系统地将西方美学介绍到中国的人，也是实践美学的主要奠基人。他深厚广博的学养、建立中国自己美学体系的宏大构想，以及勇于自我批判、执著求索真理的学术品格，决定了他走向实践美学并非偶然，而是一个前后联系、完整贯通的过程。1949 年以前，朱光潜已经通过检讨和分析克罗齐的唯心哲学，清楚地意识到其无法打破心物二元论这个近代唯心主义哲学极力要解决的问题，而建国后对马克思主义哲学的学习和接受则为他打开了另一条通路。朱光潜在得出美是客观性与主观性、自然性与社会性的统一这一结论的基础上，又着重强调了主体的精神实践在美感经验形成过程中的中心地位，形成他的精神实践论美学。继而，他一方面对自己的这一美学体系继续进行批评验证，另一方面又以其为指导译介西方哲学和美学著作，亲身实践着其精神实践论美学。1960 年，他阐发出他所理解的马克思主义实践美学观点的精要，同时这也是他建构自己的精神实践论美学的宣言:“劳动生产是人对世界的实践精神的掌握,同时也就是人对世界的艺术的掌握。”在此基础上,朱光潜的精神实践论美学观突出了主体性价值本体的重要性,实践美学流派重视精神实践的传统从此开始。

蒋孔阳早在20世纪五六十年代的美学大讨论中就有了实践观的萌芽,到20世纪80年代,他又对此作了更为系统和深入的阐释,从而把创造美学建立在了以实践为核心的唯物史观的基础之上,建立了有自己特点的实践创造论美学。蒋孔阳从广义的实践范畴出发,强调艺术创造的核心地位,把精神生产乃至审美活动本身也作为一种实践。正是由于他所理解的实践含义的广博性和包容性,其美学思想就在广义实践论的基础上有了广阔的阐释空间和发展向度。他主张“异化劳动也能够创造美”,并站在人类整体高度考察“异化”,表现出大视野和灵活性。蒋孔阳把人与现实的审美关系作为美学研究的出发点,尝试着突破主客二分和形而上学的思维方式,力求贯彻马克思主义的唯物辩证法,从实践的角度深刻地揭示出美学的基本规律。他还通过“美在创造中”、“人是世界的美”、“美是人的本质力量的对象化”和“美是自由的形象”四个命题来阐述美的本质,提出了独树一帜的“多层累的突创”说,在解释了美的形成和创造的缘由的同时,揭示了审美意识历史变迁的基本规律;并且强调应把美与美感作为构成审美关系的相反相成的主客体双方来把握,两者在现实的实践中同时诞生、同时存在而又相互创造、互为因果、相互循环,这就突破了美感研究的认识论框架。

蒋孔阳还扩大了“人的本质力量”的范围,并把人的本质力量看作是不断发展变化的动态形式。因此,人在物质层面和精神层面上把自己的本质力量投射于自然，就可以形成自然人化的多样性和变动性，这为其对自然美问题的探讨开辟了广阔的空间；其对人的本质力量对象化之后“人化了的自然”的分析，与李泽厚坚持的“人化的自然”既有区分又有联系，自然本身多种多样的形态与多种形态的人的本质力量相结合，自然人化的途径和方式也因此具有了丰富性和动态结构，主体的心理结构和自然景观的物质形式形成了多种多样的情景对应关系，既强调了自然的作用，又突出了人的主体性；在对“美是人的本质力量对象化”的拓展和延伸中，又借鉴了李泽厚“美是自由的形式”说和高尔泰“美是自由的象征”说，总结出“美是自由的形象”的论说，而这正体现了蒋孔阳美学的综合性和包容性。蒋孔阳的实践创造论美学是建国50多年间我国美学发展的一个总结，也为21世纪我国的美学研究奠定了重要基础，体现了极强的开放性和继续发展的空间与可能性。

在实践美学的诸多发展形态中，刘纲纪的实践自由论美学是纯粹地建立在马克思主义哲学基础之上的。从对李泽厚的主体性实践美学在一定程度上偏离了马克思主义哲学提出质疑开始，刘纲纪对马克思主义哲学中的本体论进行了深入研究，在此基础上系统阐释了实践本体论与美学基本问题之间的关系。他将马克思主义的本体论分为自然本体论和人的本体论两部分，在从本体论角度分析自然与人的联系和区别的过程中，肯定马克思主义第一次指出了人类的物质生产实践是人类全部历史产生、存在和发展的根基、本原，科学地解决了人的本体的问题，并认为这是马克思哲学体系的主要贡献。刘纲纪从具体的角度界定马克思主义哲学的“物质”概念，继而深入研究了人类社会的本体；通过论证人类的实践活动联系起自然本体与社会本体，来证明物质生产实践在人类社会生活领域就具有“本原”的、第一性的地位，即本体论的地位；从美、美感和艺术三方面具体实现了实践本体论哲学在美学具体问题上的指导作用和基础地位，强调人的主体性也是实践的主体性，实践本体论与人的主体性具有密切关联。这就建构起了实践本体论美学的理论构架。刘纲纪在马克思《巴黎手稿》的理论基础上，参阅、融合了马克思的众多经济学著作和从康德到席勒再到黑格尔的德国古典美学思想，建构起实践自由论美学，其核心问题是审美自由的概念问题，其典型特征就是强调在实践过程中，人类满足了物质需要的生产实践之后，其对自然的改造是一种有意识的自由的活动，也只有在这个意义上，人的活动才是审美的活动，这一过程是客观必然和主观自由统一的过程。

张玉能的新实践美学思想是在综合了前辈如李泽厚、蒋孔阳等人的研究基础上，在与反实践美学的观点进行论辩和商榷的过程中，逐渐得以建立和深化的实践美学观。其美学体系同样重视本体论意义上的实践概念，在对实践唯物主义作的四个部分的划分中，最强调实践本体论，并在广义实践概念中，除“物质生产”和“精神生产”之外，进一步分化出“话语实践”的概念，在实践的角度上将话语从语言拓展到艺术符号等，体现了张玉能对实践内涵的独特理解。张玉能同时重视实践美学中的“自由”问题，从发展程度上把实践分为“获取性实践”、“创造性实践”和“自由（创造）性实践”三类，并提出以审美的境界为衡量自由的尺度，以自由全面发展的人为人的终极目的，将此作为审美的最高理想和境界。张玉能的美学体系无论是在具体观点还是建构方式上，都体现了多方借鉴、改造、融合的特征，并以其体现在美学体系建构和深化过程中的独特理解和创新，证明了其实践美学需要不断发展和完善的主张。张玉能还将实践美学放入西方美学发展的历史进程和逻辑进程中加以审视，尤其是在与后现代美学进行的比较中验证了实践美学的合理性、对以往和同期美学的超越性和颠覆性及其拓展的无限可能性，并指出了其在后现代语境下的发展道路。

朱立元以实践存在论作为美学研究的哲学基础，对实践的范畴作了全新的理解，使得实践美学能避免一些不足，进一步向前发展。朱立元在对以往实践美学的整理和重新审视过程中，借助历史上西方美学、马克思主义哲学和毛泽东思想中的实践概念分析来重新理解马克思实践哲学和实践美学的本真含义与面貌。另外，其本体论美学在对实践美学的发展进行自我反思的同时，参照西方现代美学特别是现象学和存在论美学对二元对立思维的批判和超越，突破了传统认识论即主客二元对立的认识论思维模式的束缚，最终将其美学基础建立在实践存在论上，形成了区别于以李泽厚为代表的主流实践美学的新特点。

杨春时、章辉等人的超越实践美学的观点有自己的特色，但对实践美学已经取得的成就不能正确认识并给予公平的肯定，否认实践美学有可以继续发展的空间，武断地认为它已经走向终结，其结论是粗率的。在具体论证和否定的过程中，他们存在着误解和张冠李戴的情形，加之粗暴否定、横扫一切的态度，表现出不够严谨的学风。还有些学者认为审美问题是生存问题，而不是实践问题。实际上，生存问题与实践问题有着千丝万缕的联系，我们不能脱离实践谈生存。所谓超越，也是以实践为基础的。

综合半个世纪以来实践美学的发展历程和实践美学各主要代表人物的理论观点可以看到，实践美学始终将实践作为美学的基本范畴和逻辑起点，强调审美的社会性、物质性。虽然对于实践的理解还存在着见仁见智的情况，但总的说来，实践美学具有以下两个主要特点：

一个特点是，从李泽厚发端以来，实践美学自始至终以马克思实践论为理论基础，与马克思实践观有着密切的内在联系。一方面，建国之后，各种文艺现象、文艺创作迫切需要哲学、美学的理论进行指导。在马克思主义指导思想确立之后，各方纷纷寻找马克思主义理论来支持自己的论点，因此实践美学把马克思主义实践论作为自己的理论来源，在一定程度上吻合了当时的主流意识形态，符合当时文艺界发展的需要。另一方面，马克思的实践论强调实践是人类生存活动的基本存在方式，人类社会、人类历史和人类本身都是以物质生产为中心的社会实践的产物。虽然马克思未对美学进行系统而深入的研究，但他就社会历史问题等方面的外部规律和背景的研究，以及所提出的实践论观点，给美学研究提供了理论视角、逻辑起点、方法论和哲学基础，对后人的研究具有很大的启发性。例如，李泽厚在历史的社会实践的基础上提出了他的“积淀说”；朱光潜借鉴马克思实践观中“精神生产”和“生产劳动”的思想，主张艺术创造是精神生产实践；等等。

尤其值得注意的是，《巴黎手稿》中对象化理论、两个尺度理论以及自然人化理论成了实践美学理论体系中的核心命题。在《巴黎手稿》中，马克思在论述异化劳动的时候阐述了他的对象化理论，论证了人在劳动中把自己的本质力量对象化到客观世界中去，对象世界处处留下了人的印记，生成和发展了人本身。实践美学借助这个理论，提出了“美是人的本质力量的对象化”的观点。蒋孔阳认为，美的本质离不开人的本质，人的本质力量的对象化不仅包括自由的实践活动，还包括艺术、非艺术的各类活动。在这些活动中,人直观到自身,就产生了美与审美。周来祥也把马克思的对象化理论与朱光潜的精神生产理论相结合,创立了“美在关系”的实践美学理论。

在《巴黎手稿》中,马克思还提出了“自然人化”的观点。他认为,经过漫长的人类历史实践,伴随着人类实践技能的提高与实践范围的扩大,自然成了人类实践的对象,即自然成了人化的自然,它通过实践得以实现,表现为两方面的内容:第一,人对自然进行改造、加工,人与自然高度融合;第二,在认识自然的基础上,自然成为人类艺术和审美的表现材料。后来在“自然人化”或“自然美”的问题上,实践美学流派各代表人物也遵循着手稿这两方面的论述,各抒己见:朱光潜将“自然美”与他的“物甲”“物乙”说紧密相连,他所谓的自然是人的认识和实践的对象,即全体现实世界,也就是他所说“物甲”,自然美还要引起主观意识形态方面的共鸣,才能成为审美的具体形象(“物乙”),这是他对《巴黎手稿》中自然人化理论的第二方面的演绎和发展。李泽厚则延续了《巴黎手稿》第一个方面的内容,把自然人化和自然美的问题放在了有关美的本质和建立心理本体的高度来论述,认为改造客观世界的物质活动是美的真正根源,只有通过这种实践活动,客观自然的属性才具有社会意义,才能够体现出人的本质力量、人的意志、人的精神与情感,从而具有审美意义和价值。并且,李泽厚在后来的研究中还继续深化了这一概念,提出了“内在的自然人化”、“人的自然化”等观念。到了蒋孔阳,他调和了《巴黎手稿》中自然人化理论这两个层面,并将之与“人的本质力量的对象化”联系在一起,从人与自然结成的关系入手,既强调自然本身的属性对于美的生成的重要性,又强调了人在自然对象成为审美对象过程中的主体地位。

两个尺度理论是《巴黎手稿》中的另一个重要问题。在手稿中,马克思通过将人的劳动与动物的生产进行比较,发现异同,进而提出两个尺度和美的规律问题。马克思认为只有物种的尺度和人的内在尺度完美结合的实践活动才可以说是真正的实践活动。这一理论与马克思对“美的规律”的论述一起成为实践美学的又一理论支点,实践美学运用两个尺度解释美学问题、构建美学理论时,坚持物种的尺度和人的内在尺度相结合,在审美实践中,既尊重自然的规律,又突出人的主观能动作用。例如,李泽厚在他的“自然的人化”和“人化的自然”的互动理论中,就主张把客观自然对人的情趣、心灵的陶冶结合起来,是物种的尺度和人的内在尺度的统一。在刘纲纪和蒋孔阳的实践美学理论中,两个尺度理论也都有具体的阐述。可以说,实践美学对美的规律的认识,无不强调了实践与自由的统一、合目的性与合规律性的统一以及真与善的统一。

另一个特点是,实践美学是建立在马克思实践观基础之上的,而实践是向前发展,向历史、向未来开放的,因此实践美学也是一个不断丰富、发展、进步、完善的开放体系。李泽厚 20 世纪五六十年代的实践美学思想受时代所限,将美与社会存在等同起来,忽略了美的精神价值和个体能动性,依然带有教条主义理论的色彩,但他一直力图摆脱机械唯物主义反映论的消极影响。在那个时期,他的美的社会性之说在某些程度上已经具有了一定的主观性,和朱光潜的主客观统一说相接近。80 年代,他在自己的实践美学中援引了主体性思想,进入到本体论的研究中;其后他又构建了情本体论,从本体论走向了个体生存论,越来越趋向于对二元对立的消解。而朱光潜由于早年在国外接触大量的超越主客二分的思想，从主客观统一论就开始探索消解主客二元对立的思维模式了。他从马克思、恩格斯的思想出发，将艺术生产看成是一种精神实践，进一步发展了李泽厚的实践美学观。到80年代，实践美学得到了蓬勃发展，日益多元化：蒋孔阳创立了实践创造论美学，突出审美关系中主体的能动创造作用；朱立元借鉴并引入存在论，形成独特的实践存在论美学；张玉能的新实践美学更是强调审美的超越性，从而使实践美学更具开放性，成为发展中的美学，成为面向未来的美学。

作为当代中国最富影响力的美学流派，实践美学以马克思实践观为基础，对美的本体论等诸多问题进行了系统的阐释，具有坚实的理论基础，不仅借鉴、吸收了西方现代美学的一些思想，还融合了我国传统文化的精髓。自建立以来，实践美学就不断为突破二元对立思维模式而努力，越来越强调主体的能动性。这对于打破当时学术界机械唯物主义反映论的藩篱具有重要意义，给当时的美学带来了历史唯物主义的观点与方法，对我国乃至世界美学领域都具有不可忽视的学术贡献。同时，实践美学还是一种不断发展、与时俱进的美学观。面对现实的冲击和后实践美学的批评，实践美学也在积极地调整着自己的观点，因而在今天仍然具有很高的现实意义和巨大的潜能。超越实践美学或后实践美学将实践美学作为一种过时的理论加以否定式的批评，是没有看到实践美学的发展性，是不理性的、值得商榷和反省的。

实践美学自身的特点不仅使得其在诸多美学流派中独立出来，同时也是它能够长期发展壮大的重要原因。说到底，实践就是人类活动。人类的历史都是人自身造就的，人自身作为审美主体，是社会实践的产物。审美活动的基本前提也需要实践创造,社会活动为审美活动提供了基础,审美活动是人类社会活动的组成部分,世界成为审美对象是审美活动的成果,艺术创造与欣赏都是实践活动。审美活动本身也是一种实践活动。

实践活动应该包括物质活动和精神活动,包括个体的心灵活动。审美活动作为一种创造性的活动,属于广义的实践活动。实践都是通过个体活动实现的,如艺术创造等,但个体不是现成的,个体与群体实际上是互动的。审美主体的社会性和理性应该被放在合理的位置,但不能绝对否定。实践美学不只是理性的,它同样重视感性动力,同样强调个体生命。实践美学观的许多学者不乏对自然生命力的强调,对感性价值的肯定。但同时,我们也不能走向另一个极端,无限夸大个体生命的意义而否定社会性。

实践美学的理论和建构过程都体现着突破性。这具体表现在从大讨论时期的朱光潜,到现在持实践存在论美学的朱立元,人们走过了从运用马克思主义哲学原理初步解决心物二分的问题,到超越二元对立的认识论思维方式的过程;在对实践美学内部各种具体范畴概念的界定上,各时期各体系也分别针对前人的思想作过反思,提出有独创性的新观点,如最基本的实践概念、自由的定义、审美的本质等。实践美学中各大美学体系的建构,在理论继承和吸收方面,都体现了兼收并蓄的特征,即便是具有最为纯粹的马克思主义美学形态的刘纲纪美学体系,在建构的过程中也是对西方哲学美学思想作了严密谨慎的审视、思考和借鉴的;张玉能的新实践美学也能跳出实践美学本身,在整体的西方美学发展史和后现代的语境中,以广阔和高远的目光检视实践美学;朱立元更是大胆地从海德格尔处汲取生成论和审美关系的思想,与马克思的实践观相结合，从而拓展了马克思实践论中的存在论纬度。

当然，我们也要看到，实践美学还存在着种种局限与不足，还有需要进一步完善的地方。实践美学诞生于中国20世纪60年代，不可避免地带有时代的烙印，美学意识形态化的痕迹十分明显，导致实践美学自身的学术品格一直处于政治意识形态的附庸地位，实践美学没有获得自身的独立性。而且，实践美学也不是万能的，不可能利用特定环境之下的马克思主义哲学来解决一切时代一切民族的一切美学问题。另外，实践美学的理论来源主要是马克思主义哲学和德国古典美学，中国美学自身的理论品质在实践美学体系里还没有得到足够的重视。其他如刘纲纪的实践自由论美学，简化了个体审美自由与社会现实之间的复杂关系，忽视了人作为人的特殊性和普遍本质，对个体自由的满足所需要的条件分析不够全面。目前张玉能的新实践美学和朱立元的实践存在论美学都是实践美学中比较年轻的体系，其中既有在前人研究基础上所做的综合和创新，也有着需要进一步发展、修正和充实的方面，如审美活动不同于认识活动，但不代表美学研究不需要认识等。这就需要我们既要发展实践美学，又要实事求是，不能矫枉过正。

实践美学作为一个处于动态发展过程中的美学体系，从一开始发端到现阶段，一直面对着来自左右两个方面反对者和所谓“超越者”的质疑和挑战。我们对于实践美学的基本态度，一是要继承，二是要发展。时代背景和语境的变化、世界美学的发展，也促使实践美学保持自我审视的姿态，我们需要做的不仅是整理、继承和发扬，还要在这一过程中随时发现实践美学体系内的缺陷或不足，并进行修复或补充。我们应当在综合前人成果的基础上继续对实践美学进行发展和修正，不仅要学习、继承马克思、恩格斯的思想，还得借鉴西方哲学、心理学以及其他美学思想中的各种有益成分，特别有必要进入中国文化和美学的深层结构之中，实现实践美学与中国现代美学的融通。在研究、探讨美学的具体问题时，实践美学也不是终极真理，需要我们以冷静、科学、严密的态度不断完善自身体系，从而使实践美学真正成为一个自我超越的开放体系。

第一章

实践美学的源起

实践美学是李泽厚等人以20世纪五六十年代的美学大讨论为契机，运用马克思主义美学的实践观点所建立的具有中国本土特点的、在当代最有影响力的美学流派。在当时论争的四派美学中，李泽厚的"美是客观性和社会性的统一"的观点和朱光潜的"主客观统一"说，以其坚实的理论基础、丰富的内涵和广阔的发展空间成为实践美学建立的主要推动力量。他们借助马克思主义的实践观点，各自进行独到的阐发，建立了具有互补特点的美学体系，从而为实践美学的进一步发展、完善提供了可能。实践美学的形成既与当时国内的政治环境相关，也是中国现代美学自身内在规律发展的结果。苏联当时的美学讨论对实践美学的形成也起到了促进作用，南斯拉夫实践哲学与实践美学也具有一定程度的精神关联。

第一节 苏联影响

实践美学的源起可以上溯到20世纪五六十年代的美学大讨论。这场美学大讨论虽然是由国内的特殊背景决定的，但与当时苏联的美学讨论也直接相关。苏联美学讨论中所形成的自然说和社会说的观点，与我国美学大讨论中的主流派别具有很多内涵上的重叠，由此可以看出苏联美学与实践美学的重要联系。

苏联美学讨论所形成的美学思想是苏联当代哲学的重要组成部分。俄国革命民主主义思想和俄国文学艺术的繁荣形成了苏联良好的美学传统。列宁、普列汉诺夫、卢那察尔斯基、高尔基等人在苏联美学发展过程中积累了丰硕的成果。从20世纪50年代中期开始,苏联美学开始进入新时期。随着斯大林时代的结束和对个人崇拜批判的进行,苏联美学围绕美的本质、美学的研究对象、艺术的特征等美学基本问题展开了长达十年之久的激烈讨论。1956年,苏联国家政治书籍出版社在《马克思恩格斯早期著作选》中,首次以俄文全文发表了马克思的《巴黎手稿》,立即引起了美学讨论的变化。这部手稿直接为苏联长达十年的美学讨论提供了理论支持,并为探求美的来源问题提供了新材料。这一讨论接续了"二战"以前就已经开始的关于如何建立马克思主义美学问题的争论。但是,这部手稿仅仅是马克思第一次对资本主义经济制度和资产阶级政治经济学所进行的批判性考察,它由三个笔记组成,未加标题,还不是一篇完整的、合乎逻辑构思的论文,因此在当时引起了不同的理解,当年就有三位美学家发表了重要的研究著作,即德米特里耶娃的专著《审美教育问题》、斯托洛维奇的论文《论现实的审美特性》和布罗夫的专著《艺术的审美本质》。

随着论争的深入,关于美的本质的问题,基本形成了"自然说"和"社会说"两派。在"社会说"内,又分为两派,一派认为美是审美对象的客观社会属性,一派认为美是兼顾主观和客观因素的社会现象。这样,关于美的本质的讨论就形成了三足鼎立的局面。到1966年讨论告一段落,出版了《审美》和《审美的本质和功能》两本总结的论文集;讨论的结果,形成了三派意见:客观派(即自然派,认为美的本质在于事物的自然属性)、社会派(认为美是客观性和社会性的统一)和主客观统一派(认为美的本质在于事物的自然属性和社会属性的统一,即人的标准的统一)。

在美的“自然说”方面,代表人物有德米特里耶娃、波斯彼洛夫、卡兰塔尔、伊万诺夫等人。其基本观点是:美,特别是自然界的美,是客观物质世界的自然属性,它在人类出现之前即已存在,并将继续不依赖于人类而存在。就像德米特里耶娃说的那样:“如果人在自然界中看到了美,那么,在这里,自然本身固有的属性在某种程度上也有关系。”[1]波斯彼洛夫在《审美与艺术》一书中认为,类的一般属性在现象上所表现的清晰、有力和完整,就是一种审美价值。他把《巴黎手稿》中马克思所说的“按照美的规律来建造”解释为是按照物种内在的尺度来进行美的创造,而所谓物种的内在尺度就是指作为每一种对象的整个内在结构的基础的“质”和“量”的相互关系。波斯彼洛夫认为,马克思的这一表述正好说明美在客观对象本身。具体说来,无机自然界的美在于其天然的组织性,有机生命的美取决于有机体本身进化水平的优越和完善程度,人类社会的美则更多地取决于社会—道德的因素。于是,波斯彼洛夫自然得出这样的结论:自然科学家更擅长对自然界的生命作出客观的审美判断,从而对对象世界特殊的审美掌握被对它的直接的自然科学认识所代替,而美学研究者的职能也只能让位给自然科学家了。卡兰塔尔则认为美的本质是客观普遍规律性的物质自我发展过程的反映,体现了个体发展和人类整体发展的统一。伊万诺夫认为自然界的审美属性存在于自然界之中,不以人的社会存在为转移,自然界的美就在于其正确、协调、和谐与完善。可见,自然派力图从自然现象之中发现美的本质,将认识活动与审美活动等同起来,并认为社会美是自然美的延伸和拓展,排

〔1〕 贾泽林等.苏联当代哲学(1945—1982).人民出版社,1986.380—381.

斥了社会、作为社会的人以及人的实践在审美活动中的作用，美与社会、人和人的实践无关，从而忽略了审美过程中的主观性因素。

美的社会说的主要代表是斯托洛维奇和万斯洛夫。斯托洛维奇关于美的社会说的观点主要集中在《论现实的审美特性》、《现实中和艺术中的审美》、《美的范畴和社会理想》以及《美的哲学》等著作中。斯托洛维奇认为，事物的审美特性就是具体感性事物在具体的社会关系中所引起的人对它们的一定的感情关系的能力，这些事物在社会历史实践过程中客观形成的社会意义是审美特性的内容；这种特性如果能促使社会的进步，有助于揭示人的本质力量，那它就是美的，反之则是丑的。在自然美问题上，斯托洛维奇引用了马克思关于"人化的自然"的思想来说明自然美的社会属性，认为人们对自然美的审美感知不在于它们的自然属性，而是由处在具体历史条件下的人的地位所决定的。就像与斯托洛维奇观点一致的鲍列夫所说的那样："美就是现象的肯定的社会价值，这一价值是由现象同人类生活的客观的、社会所产生的相互关系所决定的。现象的最广泛的肯定的社会意义，它对人类、对社会发展目的的意义，也就是这一现象的审美价值。"[1]在斯托洛维奇看来，美和审美的本质是"社会—人"的本质，它产生于社会—人的实践和个体实践，而实践作为人的社会存在是客观的，自然客体的意义也就归结到它的社会—人的意义上了。特罗斐莫夫等人在《马克思列宁主义美学原则》一文中把美学的研究对象（包括文学和艺术）看成是一种社会现象，并且认为美学所研究的是一切艺术所反映的客观规律。这就确定了美学研究对象的社会性和客观

〔1〕 贾泽林等. 苏联当代哲学(1945—1982). 人民出版社,1986. 384.

性统一的性质。他说:“马克思列宁主义美学思想经常同庸俗主义者和简化主义者进行斗争,因为他们力图忽视生活中的美,并且力图将这种美从艺术和美学的领域中排除。可是,要把美学的任务只归结为研究美,这是一个大错误;没有认识文学和艺术是一种社会现象,就不能正确理解美。”又说:“马克思列宁主义美学研究一切艺术总的客观规律。这种美学指出了,艺术的规律有一种不依艺术家、作家、文学家、批评家为转移的客观特质。违反这种规律,忽视这种规律,必然会导致创作失败,造成艺术作品中内容和形式的空虚。”〔1〕从这里,我们可以看到李泽厚早期美学思想的源头。

万斯洛夫也认为美的本质是社会属性,但他又在此基础上着重突出了人的主观因素。他认为美一方面是现象本身所固有的客观社会特征,另一方面也包含主体对生活的审美要求和生活价值的肯定。万斯洛夫注意到,社会实践产生美的过程不是一个纯客观的过程,而是人的积极的审美要求参与其中的过程,人在这一过程中看到了自己的特性。可以说,万斯洛夫的观点正好纠正了斯托洛维奇把美与人的个体创造分裂的错误,从而强调了审美主体的作用。到20世纪60年代,随着争论的深入,人们对美的本质的认识逐渐深化。图加林诺夫首先提出了美是主客观统一的观点。他说:“美是反映在人的心灵中的自然社会现象。”又说:“美是客观因素和主观因素的统一。”还说:“美是人同自然界交往的自然而正常的结果,是主客观在客观基础上的统一。”〔2〕图加林诺夫的

〔1〕 特罗斐莫夫等. 马克思列宁主义美学原则. 金霞译. 文艺理论译丛:第1辑. 新文艺出版社,1956. 2-4.

〔2〕 贾泽林等. 苏联当代哲学(1945—1982). 人民出版社,1986. 387.

美是主客观统一的观点在当时就得到了卡冈的赞赏。卡冈认为，图林加诺夫的观点比“自然说”和“社会说”都要正确，美要按照客观因素和主观因素的双重内容来加以认识和生成，既凝聚了客体的一定的属性，也凝聚了主体的一定的状况，是主客体相互作用的产物。勒佐姆奈依在当时主张主观与客观统一的观点中，更多地突出了主观意识的重要作用。他在《艺术形象》一文中说：“唯有当艺术家在自己的意识和想象中创造性地对现实的材料加以概括和加工，并表现出生活现象的意义，提出对生活现象的正确的认识时，才有艺术可言。”又说：“艺术形象不是生活的抄袭，而是由艺术家的意识所提炼出来的那些生活方面的概括。”〔1〕他的观点和美学大讨论时期的朱光潜美学思想有可供比较的价值。

苏联这场持续十年的关于美的本质的讨论从一开始就通过《学习译丛》、《外国文艺理论译丛》、《文艺理论研究译丛》以及各种专著的翻译被陆续介绍到我国美学界，直接深化了我国美学界关于美的本质的讨论，成为实践美学诞生的契机。朱光潜后来总结美学大讨论时，把当时的美学观点总结为“李泽厚派”、“蔡仪派”、“朱光潜派”，也就是社会派、客观派和主客观统一派。如果按照朱光潜的划分，我国的讨论结果与苏联几乎是一样的。就连朱光潜对当时美学界机械运用列宁反映论的批评也与阿·伏尔柯夫对列宁美学思想的研究具有一致性。出现这种情况是当时两国学术界拥有共同的思维模式、理论来源和文艺实践的结果。但是，随后苏联的美学实践证明，苏联美学并没有走向实践美学的道路，

〔1〕 勒佐姆奈依. 艺术形象. 侯华甫译. 文艺理论译丛：第 2 辑. 新文艺出版社，1957. 94 – 95.

而是转移到对审美活动和审美文化的探讨，其重点是技术美学、生产美学和劳动美学。在我国，实践美学经过十余年的停滞之后，在20世纪80年代重新焕发出生命活力，形成了一个基础坚实、流派众多并不断发展的美学流派。

第二节

国内因素

实践美学的形成除了受苏联的影响以外，还有国内政治更替和中国美学自身内部规律发展的因素。这是实践美学得以形成的两个重要内在因素。

1949年我国实现了政治统一以后，国家领导人迫切希望在思想文化领域也实现统一。在建国后仅24天，《文艺报》上就发表了一篇署名"丁进"的读者来信，说他原来是信服朱光潜《文艺心理学》等书中所介绍的审美的"移情说"和"距离说"的，但是看了毛泽东的《在延安文艺座谈会上的讲话》以后，感到了疑惑，希望能就这个问题展开讨论。于是，《文艺报》就这个问题刊发了蔡仪的答复文章。蔡仪在文中批评了"距离说"和"移情说"，朱光潜就写了《关于美感问题》一文作为回应，发表在1950年1月的《文艺报》上。可以说，这是建国后最早的关于美学问题的争论。到1956年，这场讨论基本上确立了唯物主义，尤其是机械唯物论在美学界的统治地位和美学讨论的思想范围。实践美学作为马克思主义的美学形态也初见端倪。这一时期的美学讨论是上一阶段文艺思想统一运动的深化和延续。就在对俞平伯的批判将要告一段落的时候，中宣部部长陆定一代表中央作了题为“百花齐放，百家争鸣”的报告，向学术界介绍4月28日政治局扩大会议和5月2日最高国务会议上毛泽东提出的“双百”方针，确立了“艺术上不同形式和风格可以自由发展，科学上不同学派可以自由争论”的“双百”方针。这一天是1956年5月26日，李泽厚的《论美感、美和艺术》发表在同月的《哲学研究》上，第一次引用了《巴黎手稿》中关于美学问题的论述。朱光潜的《我的文艺思想的反动性》一文也发表在同年6月的《文艺报》上。可见，这一时期的美学讨论正是“双百”方针的一个及时的注脚。后来批判朱光潜的运动中途发生变化，批判者内部出现了分裂。周来祥在回忆这段历史的时候说：“值得注意的是，对朱光潜的批判，到蔡仪先生的文章一出来，情况开始有变化了。”[1]按照当时的安排，朱光潜自我检讨的文章发表以后，事先安排的一大批批判文章，如贺麟的《朱光潜文艺思想的哲学根源》、黄药眠的《评“食利者”的美学》、蔡仪的《朱光潜美学思想的本来面目》、敏泽的《朱光潜反动美学思想的源与流》等将连续发表出来。可是，1956年12月1日，《人民日报》发表了蔡仪批判黄药眠的文章，一下改变了原来的批判对象，革命内部也可以互相批评，批判的氛围缓和多了。紧接其后，朱光潜发表了《美学怎样才既是唯物的又是辩证的》；李泽厚发表了《美的客观性与社会性》一文。这三篇观点各异的文章一月之间在《人民日报》发表，客观上启发和促进了对于美学问题讨论和思考的多角度展开，也迫使参加论争的各方要从马克思主义理论中

〔1〕 周来祥等. 透过历史的迷雾——访周来祥. 文艺研究，2004(1).

寻找新的思想以支持自己的论点。这为实践美学的建立提供了历史机遇。

实际上，建国七年以后，各种文艺现象和文艺创作也需要用哲学美学的理论进行解释和指导。从批判《武训传》到批判《海瑞罢官》，从批判胡适等的自由主义文艺观到批判朱光潜的主观唯心主义美学观，都可以看出当时的文艺发展还缺乏哲学和美学理论的指导。虽然唯物主义的指导思想已经确立了，但是唯物主义思想如何转化为具体的美学、文艺学观点还需要一个争论和探索的过程。因此，实践美学的讨论，把讨论的范围界定在马克思主义实践论的范围内，在一定程度上吻合了当时的主流意识形态，也符合当时文艺界的需要。

可以说，这次批判给了朱光潜一个极好的学习马克思主义的机会。他在《我的文艺思想的反动性》一文中说，他"渴望把马克思列宁主义学好一点"，要"建立马克思列宁主义的世界观和科学方法"。[1] 这一点也是当时参加讨论的各方的心声。实践美学的许多学者，诸如蒋孔阳、周来祥、敏泽等人，也都发表了对美的主客观性以及对自然美、社会美和艺术的一般原理的看法，最终形成了以吕荧和高尔泰为代表的主观派，以蔡仪为代表的客观派，以朱光潜为代表的主客观统一派和以李泽厚为代表的客观社会派。但是，对实践美学的形成影响最大的还是李泽厚和朱光潜的观点，客观派和主观派为实践美学的诞生提供了可供参照的美学理论。客观派对美的客观属性的强调在李泽厚和朱光潜的美学体系中都被给予了相当的重视，主观派对美的主观性的强调在客观上也为朱

〔1〕 朱光潜. 朱光潜全集：第5卷. 安徽教育出版社，1996. 11.

光潜坚守审美主体性的立场提供了支持。

从中国现代美学发展的逻辑进程看，中国现代美学的建立与清末救国思潮联系在一起，以王国维、蔡元培、梁启超、鲁迅等为代表的一批学者率先向国人绍介了西方美学。上世纪30年代，国家政治形势的急剧变化使广大知识分子处于苦闷、彷徨的境地。从1932年到1936年，留学欧洲的朱光潜把西方近现代美学思想和中国古典文学、美学资源相融合，先后出版了《谈美》、《文艺心理学》等美学著作。这些著作给当时的青年知识分子带来精神的慰藉、心灵的安慰，美学观念也广为传播。1947年，蔡仪出版了以马克思主义为指导，试图建立唯物主义美学体系的《新美学》一书，并在书中系统批判了朱光潜的唯心主义美学体系。从此以后，唯物主义美学观与唯心主义美学观的争论一直持续到建国后的美学大讨论。

在讨论中，蔡仪的美学观处于边缘地位，他的美学观点主要集中在《评〈论食利者的美学〉》和《论美学上的唯物主义与唯心主义的根本分歧》这两篇文章中。他还是坚持在《新美学》中的看法，认为“美的东西就是典型的东西，就是个别之中显现着一般的东西；美的本质就是事物的典型性，就是个别之中显现着种类的一般”，“总之美的事物就是典型的事物，就是种类的普遍性、必然性的显现者”。[1] 蔡仪的这种观点，是坚持主客二分思维模式的机械唯物论的产物。蔡仪在《论美学上的唯物主义与唯心主义的根本分歧》中说：“承认美是客观的，承认客观事物的美，承认美的观念是客观事物的美的反映，就是和唯物主义一致的，而这种论点就

〔1〕 蔡仪．新美学．群益出版社，1985．68．

是唯物主义美学的根本论点。"[1]他进而认为:"形象是不依赖于鉴赏的人而存在的。"[2]这种看法的片面性是明显的。就像李泽厚所说的那样,最典型的苍蝇难道就是最美的苍蝇?月亮只有一个,典型性怎么体现?因此,蔡仪不能从理论上说明物的客观属性为什么就是美的,只是简单地指出物的属性最适于引起我们的美感,这就把美和美感等同了起来;尤其是在对自然美的认识上,这种观点实际上是把审美对象和认识对象混为一谈,抹杀了自然美作为人类精神食粮的特殊性,否定了它的形象性、时代性和民族性,被朱光潜称作是"见物不见人"的美学。李泽厚说:"蔡仪美学的根本观点,我们觉得,首先在于缺乏生活——实践这一马克思主义认识论的基本观点。"[3]可见,因为蔡仪固守机械唯物主义的反映论,不能辩证全面地理解马克思的实践观,由现实事物静观美学,因而不能解决具有深刻社会性质的美的问题。但是,蔡仪对马克思主义在美学领域指导地位的极力维护为中国现代美学尤其是实践美学从马克思主义思想资源中寻找美学问题的理论支撑提供了范例。

针对美在客观说,吕荧和高尔泰从审美的主观性出发,对蔡仪的观点进行了针锋相对的批评。吕荧看到蔡仪客观典型说的不足,直接提出"美是人的一种观念"的观点。但是,在当时的历史环境之下,不依赖于唯物主义学说而只谈主观显然是行不通的,所以吕荧又把美看成是社会意识的产物,是以社会生活为基础而形

〔1〕 蔡仪. 论美学上的唯物主义与唯心主义的根本分歧. 北京大学学报,1956(4).

〔2〕 同〔1〕.

〔3〕 李泽厚. 美学旧作集. 天津社会科学院出版社,2002. 58.

成的。他说:“今天我眼前的现存的美的事物,决不是自太古时代起就是如此的,而是几千年来人类的社会生活社会文化的成果。因此,美的研究还需要采取历史唯物论的观点。”〔1〕这种把主观抬高又依附马克思唯物论的美学观必然会带来自身逻辑的混乱。除此之外,主观论者又把美和美感等同起来。这种观点以高尔泰为代表。他说:“美和美感,实际上是一个东西。”〔2〕这种观点把审美活动的主观性特征当成审美活动和美的全部内容,而对对象的前提和基础价值重视不够。这样,审美活动撇开了物象的前提意义,以主观意识为美的实体,认为美只是一种主观心理活动,把美绝对化、精神化,就会导致美的不确定性,形成各美其美的局面,取消审美活动的普遍意义。实际上,美不等于美的观念,也不只是纯然外在的客观对象,而是体现着社会性特征的、在个体审美活动中成就的审美意象,是主体感悟对象的积极性成果。但是,主观派美学强调美在主观,同时又从客观社会寻找支持的做法也在一定程度上启发了李泽厚美学思想对社会内容在美学上的重要地位的重视。

美在客观说和美在主观说都缺乏坚实而辩证的理论基础和哲学支持,注定不能在大讨论中占据主要地位,却为实践美学观的建立和深化提供了学术背景和论争对象。李泽厚和朱光潜两派都以马克思主义实践论为自己理论的基石,但其具体内涵却有很大的差异,具有相互补充的特点,就像是实践美学互动的两翼,从而实现了实践美学理论的建构、丰富和发展。

---

〔1〕 吕荧. 美学书怀. 作家出版社,1959. 117.

〔2〕 高尔泰. 论美. 甘肃人民出版社,1982. 3.

另一方面，从马克思主义美学自身理论建构完善的需要来看，上世纪40年代开始的蔡仪等人对朱光潜美学思想的批评就已经透露出马克思主义实践美学观的萌芽。朱光潜在40年代就细读了《资本论》等马克思主义著作，做了详细的读书笔记，并在报刊上向读者推荐。建国后，马克思主义指导思想的确立为朱光潜等人的美学讨论提供了机遇，这正符合中国美学自身发展的需要。正是在实践论的激发下，朱光潜以实践论改造了前期的以克罗齐和尼采思想为主要成分的主观唯心主义美学。在这样的情况下，朱光潜的“物甲”“物乙”说和“主客统一”论，既纠正了主观唯心主义以心吞并了物的缺陷，又在实践活动中强调审美主体，尤其是审美个体的能动作用，建立了以精神实践为基础的实践美学观。可以说，朱光潜的实践美学从一开始就具有超越主客二分、实现审美自由的现代美学品质。即使是李泽厚的美学思想，在一定程度上也具有这样的品质。他以实践为中介，连接人与自然、主体与客体，强调客体和主体的交流改造，也具有向现代美学品质转化的深厚潜质。

实践美学的建立与朱光潜对中国古典美学进行改造、接续“五四”美学传统以建立新的美学体系的愿望密切相关。建国以后，朱光潜一直有建立“新的美学体系”的想法。他在批评蔡仪时说：“我这篇文章的积极意义还不在对蔡仪同志的批评，而在批判了自己过去唯心美学思想之后，对于建立新的美学观点所作的初步尝试。”[1]还说：“边讨论，边学习，边建立，这是我们今后美学

〔1〕 朱光潜.朱光潜全集：第5卷.安徽教育出版社，1996.50.

工作的道路。"[1]可以说,朱光潜对审美主体主观能动性的突出强调在一定程度上纠正了当时机械唯物论和反映论在美学讨论中的影响。在当时中国学术界普遍采用苏联模式的情况下,实践美学论争能够较少地走当时苏联美学问题的老路而体现出自己的特点,与朱光潜的作用是分不开的。

但是,当很多人认为实践美学在当时布满政治话语的历史语境下能够从一个夹缝中成长可以说是一个奇迹的时候,对于实践美学形成历史的反思也在展开。深入反思这一段历史,可以发现实践美学的形成也具有历史的必然性,而这种必然性决定了实践美学不能成为纯粹学理性的美学理论。所以有学者说:"实践美学并非本真意义上的美学,充其量只是对美学问题做出了历史的和社会学的解释,或者更深一层说,是为美学提供了一种历史唯物主义的观点和方法。"[2]实践美学,尤其是李泽厚美学在强调美的客观性和社会性的统一的时候,无疑是在理论的高度上为当时的无产阶级文艺理论提供学理支持,这也是李泽厚美学在当时能占主流地位的原因所在。40 年后,后实践美学以及其他学者对实践美学种种弊端的攻击和揭露使这些不足脱去政治的外衣,浮出了水面。

---

〔1〕 朱光潜.朱光潜全集:第 10 卷.安徽教育出版社,1996.175.
〔2〕 阎国忠.走出古典——中国当代美学论争述评.安徽教育出版社,1996.408.

第三节

理论建构

在美学大讨论中脱颖而出的李泽厚和朱光潜的美学思想是实践美学得以建立的直接动因。正是这两派的论争为实践美学的形成奠定了基础。一方面,李泽厚以马克思主义实践论为基础,以自然的人化为武器,在本体论的层面上谈论美的根源问题,其观点具有深厚的哲学基础。李泽厚强调的美是客观性和社会性的统一的观点与朱光潜主张的美是主客观的统一、同时强调审美的主体能动作用和意识形态性的观点一起构成了实践美学丰富的内涵和可以进一步拓展的空间,为20世纪八九十年代实践美学的多元发展提供了可能。另一方面,朱光潜以深厚的中西学养为基础,从马克思主义美学的实践观出发,以具体的审美经验和艺术创作为立论点,突出审美活动、艺术生产和生产劳动的一致性,强调了审美活动中的主体性和意识形态性,具有强大的说服力。可以说,李泽厚和朱光潜的学说,尤其是朱光潜的主客统一论,已经透露出弥合主客之分、超越主客差别的潜质。李泽厚在他后期的著述中也体现了这种努力。这是李泽厚美学和朱光潜美学在当时获得更多认同并最终形成一个影响巨大的美学流派的主要原因。南斯拉夫实践派也为后来实践美学的发展壮大提供了一定的理论支持和精神支援。

一、李泽厚与实践美学

李泽厚从20世纪五六十年代参加美学大讨论，到七八十年代出版《批判哲学的批判——康德述评》、《美的历程》、《华夏美学》及《美学四讲》等著作，他的实践美学思想一直处在不断发展、完善的过程中，是一种与时俱进、自我更新、能够及时广泛吸收各家之长以完善自我的美学。

在美学大讨论时期，26岁的李泽厚以马克思主义的实践观为理论基石，对“自然的人化”和美学的关系进行系统发挥，既批判朱光潜和蔡仪的美学思想，又阐释自己的美学新解。1956年，李泽厚通过批判朱光潜的唯心主义美学思想，第一次系统地建立了自己的实践美学观。在这一阶段，他的美学观点主要集中在《美的客观性和社会性》、《论美感、美和艺术》、《论美是生活及其他》以及《美学三题议》等文中，可以从美感、美、美与美感的关系、美学的哲学基础、自然美以及美学的对象几个方面来把握。在这个过程中，李泽厚实践美学观的建立一直与他对朱光潜美学的批判结合在一起。

李泽厚的论述是从美感、美及其两者之间的关系开始的。在这一过程中，李泽厚提出了著名的“美感的矛盾二重性”的观点。所谓美感的矛盾二重性，是指形成美感的个人主观知觉性质与社会生活的客观功利性质，即主观知觉性与客观功利性所形成的相互依存又不可分割的统一体，前者是这个统一体的表现形式、外貌、现象，后者是这个统一体的存在实质、基础、内容。李泽厚认为，美感在美学研究中的地位就像是商品在经济学研究中、概念在逻辑学研究中一样，是一种最单纯而又最复杂、最具体而又最抽象的东西，是一种普遍存在于人们的日常生活中的最基本的社会心理现象。因此,美感的矛盾二重性是美学的基本矛盾,也是分析和解决美学问题的关键。具体说来,所谓主观直觉性,就是指美感经验的心理状态的性质和特征,是它的具体的形象感受性质,它在刹那间有不经个人理智活动或逻辑思考的直觉特点;所谓客观功利性,是指美感具有社会生活的客观必然内容,具有阶级性、民族性、时代性的种种差异,对于人类具有重要的功利和实用价值,但这种价值表面上看起来极不明显,就像康德所说的无目的的合目的性一样。

正是在对美感矛盾二重性分析的基础上,李泽厚界定了美的两个基本特性,即客观社会性和具体形象性。所谓美的客观社会性,不仅指美不能脱离人类社会而存在,而且还指美包含着日益开展着的丰富具体的无限存在,这构成了美的客观社会性的无限内容;美的具体形象性是指美必须是一个具体的、有限的生活形象的存在,不管是一个社会形象还是一个自然形象。客观社会性必须要通过具体形象性来表现,没有具体形象性,客观社会性就成了逻辑、科学的对象,而不是美感和艺术的对象。从这里可以看出美感的矛盾二重性的两个方面与美的两个特性的对应关系:与美的客观社会性对应的是美感的客观功利性,与美的具体形象性对应的是美感的主观直觉性。这两者不仅仅是对应关系,而且美感的特征是建立在美的特征的基础上的,美的特征是美感特征的条件和根据。正是在这两者的辩证关系的基础上,李泽厚提出了“美是生活”的概念。李泽厚认为车尔尼雪夫斯基的这个定义是一切旧美学中最接近马克思主义美学的观点,但仍然有很大的弱点,即它基本上是一个抽象、空洞、非社会历史的人类学的自然人的概念。车尔尼雪夫斯基的概念是用动物性的生存欲望来解释“美是生活"的,他对于为什么美是生活还没有作出科学系统的解释。李泽厚用历史唯物主义关于社会生活的理论充实了这一观点,并使之具体化、科学化。

关于美学的对象,李泽厚在《美学三题议》一文中说:"美学基本上应该研究客观现实的美、人类的审美感和艺术美的一般规律。其中,艺术美更应该是研究的主要对象和目的。"[1]这三个研究对象是以审美关系为核心联系而成的一个整体,所以也可以说,审美关系也是美学研究的对象。这个确定是李泽厚对美感和美的认识的结果,也与他所主张的美学的哲学基础相呼应。他说:"总起来说,我们认为,美的本质必然地来自社会实践,作用于客观现实(美是客观的),经过审美和艺术的集中和典型化(反映论),又服务于生活、实践(实践观点)。"[2]在这里,可以看出李泽厚的观点与特罗斐莫夫等人的美学主张之间的密切联系和相似之处。

除此之外,李泽厚在论辩中关于自然美的看法也是其早期实践美学的重要组成部分。他认为自然美是一个极端复杂的问题,各派美学观的缺点在自然美的问题上都暴露得最为鲜明,因为这个问题牵涉到最有争议的"自然人化"的问题。在讨论中,那种认为自然的美纯然在自然自身的观点早已暴露了它的疏漏之处。在人化的自然的理解上主要有两种观点,一种认为是通过个体的意识、情趣去欣赏自然,一种认为是通过实践去改造自然。李泽厚的观点是后者。他认为,马克思在用"人化"的时候不是指审美活动,而是指人类基本的客观实践活动,指通过改造自然、赋予自然

〔1〕 李泽厚.美学旧作集.天津社会科学院出版社,2002.112.

〔2〕 同〔1〕.101.

以社会的人的性质、意义。所以，自然的人化是指经过社会实践使自然从与人无干的、敌对的或自在的状态，变为与人相关的、有益的、为人的对象。因此，对于自然人化的理解不能把自然美的产生、发展只放在人的心理、意识、情感的领域里理解，而应该与客观的社会历史进程联系起来，历史、具体地把握自然与人类历史的丰富多样的客观联系。所以，人化的自然是人类社会历史发展的整个成果，而自然美的本质就在于自然的人化。

李泽厚这一时期的实践美学观尽管还具有一定的不足，但是，他促成了实践美学观的确立是客观事实，而且其美学观点此时还处于草创阶段，后来的主体性实践哲学、积淀说、新感性、情本体等观点是对这一时期美学观点的发展和完善。对于实践美学流派来说，李泽厚对美感二重性的分析确立了马克思主义美学的实践观在美学研究领域的主导地位，实践美学的主要理论概念得到建立，他对审美关系的研究启发了后来的蒋孔阳、周来祥、朱立元等人的美学的研究思路，他们后来也都把审美关系放在美学研究的中心环节。

二、朱光潜与实践美学

新中国成立以后，马克思主义成为中国具有统治地位的意识形态，朱光潜深切地感觉到学习马克思主义的重要性，因此，他以自己精通多种外语的优势，对多种语言译本的马克思主义著作进行比较研究，积极学习马克思主义，以马克思主义实践观为出发点，着力挖掘马克思主义关于精神生产和人类劳动之间的互动关系，并在此基础上突出审美主体精神意志的作用，形成了独具特色的精神实践美学观。

在大讨论中，朱光潜通过与蔡仪、李泽厚、洪毅然、黄药眠等人的论争，在马克思的实践论和精神生产理论的基础上，提出了“物甲”“物乙”说和主客统一论的实践美学观点。他在《美怎样才能既是唯物的又是辩证的——评蔡仪同志的美学观点》一文中，针对蔡仪所认为的“美纯粹是客观的，即纯粹是自然性的，没有丝毫主观性，也没有丝毫社会性”的看法，认为蔡仪的美学观点没有认清美感对象和认识对象之间的区别。因为在认识和审美中，同一事物具有不同的地位。以花为例，在认识过程中，人们会得出“花是红的”看法，而在审美过程中，人们会得出“花是美的”结论。在认识活动中，人们关注的是客体的自然属性；在审美活动中，人们在对客体的认识中渗透了主观的情趣和审美判断。这就是认识对象和审美对象的区别，也是认识活动和审美活动的区别。在认识过程中，我们所见的物是客观的物，不夹杂认识主体的主观情感，这时的物被朱光潜称作“物甲”。在审美过程中，事物染上了审美主体的情趣、情感、意识等因素，就变成了夹杂着人的主观成分的物，是社会性的物了，这时的物被朱光潜称作“物乙”。“物甲”“物乙”理论不仅驳斥了蔡仪机械唯物论的美学观点，而且还对他本人长期苦于无法解决的心物关系问题作了一次尝试性解决。朱光潜通过“物乙”含有人的主观情趣，是客观与主观的统一体的认识，确认了人的主观能动作用。这样，审美与艺术作为自由意识的集中代表，在实践内部必然具有能动的职能，物质生产与精神生产就具有了内在的统一性，实践作为人改造世界以实现自由的活动就具有了突出的自觉意识性即主体性。在此基础上，朱光潜极大地突出了主体在审美中的作用，使人们不再仅仅从客体方面去寻求美的本质，把美看成与主体无关、单纯由客观决定的东西，认为美不是单纯的物理事实，而是精神的表现，并从认识论和心理学的方面系统分析了美感产生的条件，揭示了美感所具有的重要特征，使作为精神实践的审美活动获得了合理存在的地位。因此，朱光潜自然得出"美是客观与主观的统一"的结论。具体来看，实现审美的主观与客观的统一，就是要把作为生理基础的人和社会基础的人、自然的自然性和自然的社会性四方面因素综合起来，全面地、运动地看待审美问题。

可见，朱光潜的精神实践美学观突出了主体性价值本体的重要性。在他看来，在劳动生产中，人与世界建立了实践关系，同时也就建立了人对世界的审美关系，美感就起于生产劳动中的喜悦，人们在自己的劳动产品中看到了自己的本质力量，人对世界的实践精神的掌握同时也就是人对世界的艺术的掌握，生产劳动同时就是一种艺术和审美活动。朱光潜在 1961 年说："不是把美的对象（自然或艺术）看成认识的对象，而是主要地把它看作实践的对象；审美活动本身并不只是一种直观活动，而主要地是一种实践活动；生产劳动就是一种改变世界实现自我的艺术活动或'人对世界的艺术掌握'。"[1]这是一位学贯中西的老一辈美学家以实践反对认识论误区的精辟见解，可惜当时并未引起足够的重视。

美学史上从物质和精神两个方面分别探讨美的本质与根源的做法在德国古典美学以前都还处在各执一端的局面，要么抓住了物质因素，要么抓住了精神因素，这样都不可能真正解决美的本质的问题。美在主观说和美在客观说的理论缺陷就是这一弊端的反映。西方美学从德国古典美学开始，弥合了物质与精神的分裂，认

〔1〕 朱光潜. 朱光潜全集：第 10 卷. 安徽教育出版社，1996. 301.

为美是物质与精神的统一、客观与主观的统一的产物，但是德国古典美学的物质与精神、思维与存在的统一还是由精神活动产生的统一。在朱光潜的精神实践美学体系里，这种统一是由物质的感性实践活动所产生的统一，从而把马克思主义实践观引入美的本质的探讨中，为美的本质的研究找到了物质与精神、思维与存在相统一的现实的物质基础。这就与客观唯心论者和主观唯心论者所主张的主客观统一的观点划清了界限。因为在客观唯心论者那里，“绝对精神”是主客观统一的基础，因而这种统一就只能是幻想中的统一；在主观唯心论者那里，他们把个体的主观精神，如情感、意志、想象、直觉、幻觉等，看作主客统一的基础，因而这种统一也只能是幻想中的统一。朱光潜通过论述生产劳动和艺术实践的一致性，确定了主体与客体、人与自然的不可分割的关系，认为人正是在生产劳动的过程中建立了人对世界的实践关系和审美关系。可见，美和美感起源于劳动，劳动中也有审美因素，人正是通过劳动实践实现对有限自我的审美超越，人的艺术活动和审美主体也就具有了坚实的现实基础。而且，朱光潜的“主观”的概念和其他论者比较，具有更丰富的内涵，它既指人的意识、情趣、知，又指人的行动、实践、行，既包括人的心理活动（如审美），又包括人的物质活动（如生产），其实质就是意识与行动、情趣与实践、知与行、心理活动与实践活动的统一。

朱光潜的这一理论，对于实践美学具有重要的意义：一方面，他强调了审美的主体性，取消了主客二分的思维模式，纠正了李泽厚的前期实践美学对于主体性认识的偏差；另一方面，他的论述思路开阔，具有进一步阐释发展的空间，后来蒋孔阳、刘纲纪、张玉能等人的实践美学观在一定程度上正是继承了他的思想。

三、南斯拉夫实践派与实践美学

南斯拉夫实践哲学对我国实践美学的形成,尤其对20世纪80年代实践美学的壮大有一定的影响。南斯拉夫实践哲学是在批判斯大林集权统治的基础上提出的,因而具有否定传统马克思主义的倾向,对马克思主义的一些基本问题也有着全盘否定的痕迹。所以,我国美学界对南斯拉夫实践哲学的吸收也是有所取舍的。

南斯拉夫实践哲学是"二战"结束以后,一批在战后成长起来的年轻哲学家回到青年马克思的立场所逐渐形成的"人道主义马克思主义"的哲学流派。随着批判斯大林运动的发展,以加·彼得洛维奇等为代表的一批青年哲学家完全抛开了辩证唯物主义观点,而把人道主义作为自己的出发点。在1960年底于布莱德湖畔举行的"关于主体与客体、实践与反映论问题"的哲学大会上,一些哲学家认为,马克思主义哲学最高、最根本的范畴是人的自由的活动,即实践,以此抵抗传统马克思主义的反映论,并在此基础上提出了以实践为基础的人道主义的社会、政治、文化理论。所以1964年加·彼得洛维奇在《实践》杂志创刊词《实践的宗旨何在?》中说:"我们这个杂志上的哲学,应该是革命的思想,应该是对现存一切的毫不容情的批判,应该是对真正的人的世界的人道主义展望,应该是鼓舞革命行动的力量。"[1]他们以《实践》杂志为核心,最终形成了以马尔科维奇、彼得诺维奇、苏佩克等人为首的实践派哲学。

---

〔1〕 南斯拉夫哲学论文集.北京三联书店,1979.327.

作为东欧新马克思主义的组成部分，南斯拉夫实践派在一定程度上继承了西方人本主义马克思主义从不同侧面揭示人的主体性以及人与世界关系的本质的问题。在此基础上形成的美学理论主要体现在两个方面：第一是人道主义辩证法的美学，第二是批判集权主义政治的美学。对我国学界来说，主要是吸收了它第一方面的合理成分，对第二方面则基本持批判的态度。就第一方面来说，南斯拉夫实践美学认为人类社会的走向就是在实践中向人道主义的理想前进。马克思在《巴黎手稿》中说："社会是人同自然界的完成了的本质的统一，是自然界的真正复活，是人的实现了的自然主义和自然界的实现了的人道主义。"[1]他们正是按照马克思主义的人道主义解释，从人学立场把美学看成是人道主义的历史辩证法的组成部分，把艺术活动看成是人类自我建造的一种重要实践活动。马尔科维奇认为，实践派哲学所要建立的新的人道主义的历史辩证法的核心就是"人在历史中的自我实现"这一命题，而人在实践上自我实现的可能性形式主要有社会的、经济的、理论的和艺术的形式，其中艺术活动是最能体现人类走向自由的人道主义理想的实践，是最能体现人的自由本质的实践。因此，实践的本质之一就是自我确证，是一种自由的普遍活动，活动就是目的本身。

正是由于这一原因，南斯拉夫实践美学对艺术问题和日常生活中的审美问题给予了极大关注。艺术作为一种实践活动具有实现自我、追求人性普遍需求的独立性，于是，实践派美学赋予艺术以实现人类自由、解放自我的功能，艺术也成为人类走向人道主义的桥

[1] 马克思. 1844年经济学哲学手稿. 人民出版社，2000. 83.

梁。他们以人道主义为基础建立起来的人本主义美学,其政治指向是对斯大林集权政治的批判。他们认为,在斯大林时代,全部精神领域的活动完全被政治化了,以艺术为核心的精神文化与处于中世纪受基督教神学统治的艺术具有同样的命运,使人们产生精神的压抑与恐惧。在他们看来,斯大林主义是马克思主义和社会主义的否定形式或异化形式,其弊端是根本否认人在马克思主义的社会主义实践中的地位,从而否定了马克思主义的人道主义实质。

南斯拉夫实践派的这一主张在20世纪70年代末、80年代初中国的思想背景下获得了精神上的共鸣。早在1961年,朱光潜在《生产劳动与人对世界的艺术掌握——马克思主义美学的实践观点》一文中[1],强调人对现实世界的实践精神的掌握方式和艺术的掌握方式之间的统一性时就可以看出朱光潜的观点与南斯拉夫实践派哲学美学之间的内在呼应。朱光潜发表于1979年《文艺研究》上的《关于人性、人道主义、人情味和共同美问题》一文,所谈论的每个问题在当时都具有打破禁区、恢复人性自由的勇气。朱光潜认为,人性与阶级性不是对立的,而是共同性与特殊性或全体与部分的关系,肯定阶级性并不否定人性,马克思的《巴黎手稿》就是从人性出发,证明人的本质力量应该尽量发挥。同时,与人性论密切相关的是人道主义。朱光潜说:“人道主义事实上是存在的。有人性,就有人的道德。”[2]而且朱光潜还认为,人道主义在不同时代具有不同的具体内容,其核心思想就是尊重人的尊严,把人放在高于一切的地位;人道主义可以说是一种人的“本位主

〔1〕 朱光潜. 朱光潜全集:第10卷. 安徽教育出版社,1996. 188-210.
〔2〕 朱光潜. 朱光潜全集:第5卷. 安徽教育出版社,1996. 393.

义”,它对社会具有积极作用,人自觉到自己的尊严地位就会在言行上争取配得上这种尊严地位,而且,“一切真正伟大的文艺作品无不体现出人的伟大和尊严的”〔1〕。马克思不但没有否定过人道主义,而且把人道主义和自然主义的统一看做是真正共产主义的体现。所以朱光潜在文章结尾的时候说:“冲破他们所设置的禁区,解放思想,恢复文艺应有的创造自由,现在正是时候了!”〔2〕朱光潜的这些观点已经流露出马克思主义的人道主义化倾向。李泽厚在 1976 年完成了《批判哲学的批判——康德述评》,从 1980 年到 1989 年,又完成了关于主体性哲学的四个提纲。这些著作构成了李泽厚主体性实践哲学、美学的理论基石。他十分强调个体自我的主体性,认为“人毕竟总是个体的”〔3〕,“上帝死了,人还活着。主体性将为开辟自己的道路不断前进”〔4〕。从中可以看出李泽厚对个体主体性自由的追求与维护在上世纪 70 年代末、80 年代初所具有的价值和力量。正是朱光潜和李泽厚对于人的自由本性和主体性的倡导,促使了上世纪 80 年代实践美学的迅速成长壮大,随后蒋孔阳、刘纲纪等人也都十分注重从人道主义和人的主体性来研究美学的具体问题,人道主义精神在美学研究中得到了具体贯彻。蒋孔阳在《美学新论》中认为,作为关系主体的人应该包括以下三个方面的内容:第一,人本身不仅是自然的产物,从自然中生成起来,而且他本身就是一种自然;人有各种本能的情欲,并直接通过感性的形式与现实发生关系。第二,人之所以为人更主

〔1〕 朱光潜. 朱光潜全集:第 5 卷. 安徽教育出版社,1996. 394.

〔2〕 同〔1〕. 399.

〔3〕 李泽厚. 实用理性与乐感文化. 北京三联书店,2005. 247.

〔4〕 同〔3〕. 232.

要的在于他是有意识的类存在物，能够按照自己的目的和愿望进行生产，来改造和创造世界，精神性和社会性是其本质属性，人的自然性和动物性也具有精神性和社会性。第三，无论是自然性和动物性，还是精神性和社会性，都不是抽象的，而是具体地存在于一定的历史条件中，并与客观现实发生关系。正是在对人的主体性的全面认识的基础上，蒋孔阳才提出了"美在创造中"、"多层累的突创"等重要美学主张。刘纲纪在《实践本体与人的主体性》一文中更把人的主体性与实践本体联系起来考察，主张人的主体和人的本体的统一。

但是，南斯拉夫实践派哲学作为批判斯大林集权政治的产物，与西方马克思主义批判资本主义的指向不同，其批判矛头直接指向社会主义，在1968年又支持了贝尔格莱德的学生运动，并促进了苏联和东欧的解体。这就决定了南斯拉夫实践派哲学在我国的接受范围是十分有限的。刘纲纪在《马克思主义哲学的本体论》一文中说："南斯拉夫实践派的缺陷在于它把它所说的'实践一元论'与'物质一元论'互不相容地对立起来，用前者去否定、取消后者，从而堕入了唯心主义。这是一个需要深入分析的重要问题。"[1]而且，刘纲纪对人道主义的态度也不像其他实践美学家那样十分推崇，在一定程度上，他还带有否定的倾向。他在论述个体的主体性与其生存的社会之间的关系时说："尽管在今天西方发达的资本主义国家，人道主义仍然有强大的影响，但人与人的关系在根本上仍是为商品交换关系、金钱关系所决定的。人道主义的

〔1〕 刘纲纪. 传统文化、哲学与美学. 武汉大学出版社，2006. 188.

存在并没有改变也不可能改变这个根本的事实。”〔1〕事实上，南斯拉夫实践派对人道主义的极端重视是在其政治批判指向之下所做的对传统马克思主义的否定。刘纲纪对南斯拉夫实践派的态度在一定程度上也是辩证唯物主义马克思主义和人道主义马克思主义之间的对立的反映。这与南斯拉夫实践派内部人道主义派和辩证唯物主义派之间的论战具有本质上的相同性，都是实践哲学发展过程的必然结果。

无论如何，李泽厚、朱光潜等人的实践美学思想，其精神价值正与南斯拉夫实践派的主张息息相关。就像南斯拉夫实践派代表人物克雷舍奇所说的那样：“社会主义时代作为一种真正社会化的社会，……以一种人道主义的哲学和一种复兴的形式显示着自身。这是一场马克思的真正教诲和哲学——人道主义理论的革命实现的复兴。这种人道主义和复兴不是一种纯粹的理论要求和一种理想，而是代表了一种已经发挥其作用的政治社会化和人与人之间关系的人道化精神。”〔2〕

〔1〕 刘纲纪. 传统文化、哲学与美学. 武汉大学出版社，2006. 160.
〔2〕 南斯拉夫“实践派”的历史和理论. 重庆出版社，1994. 159.

第二章

实践美学的发展历程

实践美学是以马克思主义的实践观点为基础，并且随着时代不断发展的中国当代美学流派。在当代中国的美学研究中，尽管有所谓20世纪五六十年代关于“美的本质”四派观点的“美学大讨论”，但那主要只是在美学门庭前发表议论的一场群众性的运动。真正影响大、参与人数多、持续时间长、能够称得上是学术流派的，当数实践美学。它从20世纪五六十年代就开始从李泽厚的观点发端，到80年代蓬勃发展，乃至在跨世纪的今天，实践美学还继续被改造和向前推进着。尽管我们可能会发现实践美学依然有这样或那样的不足，但它在中国美学史上无疑会留下深刻的痕迹，并且必将产生深远的影响。也许，终有一天，它会在美学史的发展历程中渐渐淡出，但它的历史贡献将是不可磨灭的，它的精髓将永远保留在未来中国美学的肌体中。从李泽厚开始发端，以马克思主义实践论思想为基础的中国实践美学学派，在近半个世纪的发展历程中，先后经历了认识论、反映论和二元对立的思维模式。在广泛吸纳现代西方美学资源和印证中国传统文化资源的基础上，实践美学学派将物质生产和精神生产贯通起来（朱光潜），突出审美关系中主体的能动创造作用（蒋孔阳）。张玉能的新实践美学则在前人基础上突出强调其超越性的特征，使得实践美学在不断丰富、发展和进步中成为一个开放的体系。进而又由朱立元引入存在论与实践论结合的思想作为哲学基础，对实践美学加以创造性地发展。而超越实践美学（或称后实践美学）对实践美学的批评则颇多误解和逻辑上的混乱。

总之，回首实践美学的发展历程，我们可以看到，它是一个不断丰富、发展和进步的开放体系。它不仅以马克思主义的实践论思想为基础，在历史观和方法论上有自己的独特贡献，而且还援引了西方现代美学思想加以印证和融会,乃至从中国传统的"天人合一"等思想中汲取营养,并从时代的背景和要求出发加以发展和创造。从一定程度上说,实践美学本身就是中西文化交流和碰撞的产物。实践美学的发展及其论争的历程,同中国学术界的思想解放和发展历程,乃至同中国社会的发展进程是紧密相连的。它的成果对于学术界突破思想界主客二分的二元对立的思想模式和高扬主体性起到了重要作用。因此,实践美学是一种与时俱进的马克思主义美学观。尽管实践美学在多角度、多方位的探索中会产生一些谬误和不成熟的思想,但对它全盘否定则是不理性的。而从实践美学自身的体系看,也应该不断地弥补自身局限,处理好物质与精神、社会性与个体性等方面的关系,建设一个自我超越的开放体系。

第一节 李泽厚的实践美学观

实践美学最初是由李泽厚在当时苏联学者的影响下提出来的,用于反对机械唯物论和机械反映论,目的在于超越蔡仪的客观论,克服庸俗唯物论的认识论美学局限。李泽厚在 20 世纪五六十年代提出:美是客观性与社会性的统一,而这社会性,就是实践的产物,从而肯定了实践在美学中的本体论地位。李泽厚认为:"美是客观的。这个'客观'是什么意思呢?那就是指社会的客观,是指不依赖于人的社会意识、不以人们意志为转移的不断发展前进的社会生活、实践。"[1]"如果没有人类主体的社会实践,光是由自然必然性所统治的客观存在,这存在便与人类无干,不具有价值,不能有美。"[2]在这里,李泽厚虽然强调的是美的客观性和社会性,但实际上他依托了社会性来强调实践,把实践视为沟通人与对象、美和美感的中介,并在此基础上将实践看成人与美的历史起源的依据。讲客观性与社会性的统一,在逻辑上实际上是很混乱的。但当时的政治背景使得李泽厚怕沾惹主观和区别于其他人,也是可以理解的。他从主体实践与客观现实的能动关系、美与善的统一中界定美,这为20年后蓬勃兴起的实践美学提供了理论基础和出发点。

李泽厚还根据马克思《巴黎手稿》中"自然的人化"的看法,阐述了他的美学论中社会性实践的观点。他所谓的"人化"就是"社会化",包括外在自然的人化和人的内在自然的人化。"实践在人化客观自然界的同时,也就人化了主体的自然——五官感觉,使它不再只是满足单纯生理欲望的器官,而成为进行社会实践的工具。"[3]"生产斗争是人类最基本的实践,通过这种实践,人在自然界打上了自己的意志的印记,使自己对象化,同时也使对象人类化。"[4]他把"自然的人化"分为两种,包括改造自然和人对自然作艺术的比拟与象征。其中第二种与朱光潜的精神实践其实是统一的,所以后来李泽厚及其追随者们批评朱光潜的实践包含着精神实践是唯心主义的时候,其实并没有领悟到李泽厚自己对"自然的人化"的理解中也

〔1〕 李泽厚.美学旧作集.天津社会科学院出版社,2002.94.
〔2〕 同〔1〕.96.
〔3〕 同〔1〕.108.
〔4〕 同〔1〕.79.

包含着类似的思想。在《哲学研究》1956 年第 5 期发表的《论美感、美和艺术》一文中,李泽厚还首次提到"人化的自然"的概念。他认为:"自然本身并不是美,美的自然是社会化的结果,也就是人的本质力量对象化的结果。"[1]自然对象只有在成为"人化的自然","揭开了人类本质的丰富性"的时候,才成为美。在那场美学大讨论中,李泽厚最早引用马克思《巴黎手稿》中的"实践"、"自然的人化"和"依造美的规律来造形"等提法,从人类文明的历史进程中去领悟人的审美能力产生的历史根源。

当然,我们也要看到,李泽厚在 20 世纪五六十年代所提到的实践美学,在今天看来是粗陋的。受当时苏联意识形态的影响,中国美学界用机械反映论作武器对朱光潜的美学思想作批判。所谓的美学大讨论,其初衷实际上不过是意识形态围剿唯心主义美学观的统一行动。李泽厚虽然力图反对庸俗社会学和机械唯物主义的反映论美学观,但时风所限,他自己也未能摆脱唯物、唯心的分野观的消极影响。他把美与社会存在等同起来,将美仅仅视为客观存在或对象的特殊属性,忽略了美的精神性价值和个体能动性,其主张依然是教条主义的,但那是时代的局限,个人很难超越时代的局限。

到了 20 世纪 80 年代,李泽厚又在他的实践美学中援引了主体性思想,从而突破了狭隘的认识论的框架,进入到本体论的美学研究。这是因为 70 年代他精读了康德著作,于 1979 年出版了《批判哲学的批判》。尽管有人批评他是在以自己的观点误读马克思主义,又以他误读的马克思主义去理解康德,但是他在主体性方面

[1] 李泽厚. 美学旧作集. 天津社会科学院出版社,2002. 23-24.

还是吸收了康德哲学的一些观点，并且开始注意到审美活动中人的个体性、偶然性等特征。他那“六经注我”式的误读其实也包含了创造性的发挥。他的主体性实践美学，是通过马克思主义的实践观改造康德的先验主体性，从而建立了主体性的实践美学，他自己将之命名为“人类学本体论美学”，两者名异而实同。这也是他的人类学本体论哲学观在美学中的运用，集中体现在他的《美的历程》、《美学四讲》和《华夏美学》等“美学三书”中。“美学三书”使得他的实践美学从中国古典美学中获得“天人合一”等资源，并与马克思的“自然的人化”等思想相互参证，体现了他在美学上对马克思主义与中国具体实践相结合的追求。

李泽厚的“积淀说”，也正是他实践美学的必然产物，是他在马克思主义实践观、历史观的基础上，同时吸收了康德的先验认知模式、荣格的原型理论、克乃夫·贝尔的“有意味的形式”、皮亚杰的发生认识论原理和格式塔心理学的“异质同构”等思想资源而形成的。李泽厚认为，只有把格式塔心理学同构说建立在自然人化说即主体性实践哲学(人类学本体论)的基础上，使同构对应具有社会历史的内容和性质，才能进一步解释美和审美诸问题。在20世纪五六十年代到1978年的探索中，李泽厚曾先后用过“凝冻”和“沉淀”等词，直到20世纪80年代他吸收了西方现代思想以后，才将名称定为“积淀”。他将积淀看成主体文化心理结构的生成方式，“人类(历史总体)的积淀为个体的，理性的积淀为感性的，社会的积淀为自然的”[1]。在美学理论中，它主要指内容向形式积淀，外在实践向内在心理结构积淀，包括五官感觉的社会化和

〔1〕 李泽厚.批判哲学的批判——康德述评(修订本).人民出版社，1984.435.

动物性快感的社会化。当然,与强调能动实践相比,历史的积淀有其相对消极、被动的一面,缺乏积极性、主动性和创造性,忽略了个体对人类文化心理的建构、感性对理性的充实与修正、自然对社会的能动的反作用及其超越性的一面,同时也暴露出他的思想中个体与群体、感性与理性、自然与社会的矛盾,这类矛盾正是当年康德所揭示并试图用二律背反原则加以解决而实际上未能解决的。他的"积淀说"后来得到了发挥,运用到中国古代审美意识的解说和整个社会历史研究的层面,不仅具有美学意义,而且具有哲学和思想史的意义。

总之,李泽厚早期突破了原初的认识论,从实践角度审视人类审美活动,初步破除了那种把心—物看成是对立的思维模式,将审美活动从简单的反映论的被动静观变为能动的创造与表现,特别是从社会历史发展的高度谈美的本源和本质,这是当时的一般论者所不及的。作为哲学家和思想家的李泽厚,他的思想在理论高度和深度方面无疑超越了其他学者,他不仅是中国当代实践美学的始作俑者,也是重要的领军人物。20 世纪 80 年代,刘纲纪、杨恩寰、李丕显等人对李泽厚的实践美学观加以发挥和补充,引起了人们的关注和争鸣。这种实践美学思想对当时的思想解放运动曾经起到过积极的推动作用。

第二节

朱光潜的实践美学观

朱光潜的美学思想在后期经历了一个曲折的发展历程。从20世纪50年代初的自我批判和他人的批判开始,他有保留地放弃了深受克罗齐影响的直觉论,又有保留地接受了列宁的反映论,并从自己的角度加以发挥。后来在论争中,朱光潜提出了自己的"美是主客观统一说",强调仅仅有反映论还不够,认为美必然是意识形态性的,包含着主观感受的能动性,在肯定反映论的前提下,强调主观意识的能动性和能动作用,并将物与物象、反映与美感区别开来。与此同时,他还大量阅读了马克思、恩格斯的经典著作,从中吸收了关于"精神生产"和"生产劳动"等思想,把艺术创造看成是一种生产劳动,与已有的学养相互参证和融合;并且呼应李泽厚引用马克思实践观点的做法,将他自己的"美是主客观统一"学说与马克思的实践论融为一体,借以改造自己的美学观,形成他的新的实践美学观。

朱光潜在1957年8月发表在《哲学研究》第4期上的《论美是客观与主观的统一》一文中,尖锐地批评当时的美学论著简单地"套用列宁的反映论"[1]。他从马克思的言论中寻求理论依据来印证和改良自己的思想,这也是当时的知识分子唯一能做的。

〔1〕 朱光潜.朱光潜全集:第5卷.安徽教育出版社,1996.62.

他主张“把文艺看作一种生产劳动,这是马克思主义关于文艺的一个重要原则”〔1〕。李泽厚最早在1956年发表的《论美感、美和艺术》中引用了马克思的《巴黎手稿》,并且明确强调了人类的社会实践的作用。与之相比,朱光潜则在1960年发表的《生产劳动与人对世界的艺术掌握》一文中,明确阐释了他所理解的马克思主义的实践观点。他从马克思的《费尔巴哈论纲》入手,结合自己的美学观,强调了主观实践的能动性:“客观世界和主观能动性统一于实践。”〔2〕又在马克思《〈政治经济学批判〉导言》(即1857至1858年的《经济学手稿》)中找到“用艺术方式掌握世界”的命题,认为马克思提出了两种不同的掌握世界的方式,即科学的理论性的掌握方式和艺术的实践精神的掌握方式,要求跳出认识论的窠臼,把科学认识与审美区别开来。

朱光潜还根据马克思《巴黎手稿》中关于人离开肉体的需要,按照任一种族的标准去生产,按照美的规律制造事物,以及在自己所创造的世界里观照自己等观点,指出“人的生产劳动是有目的性的自觉的活动”〔3〕,“劳动生产是人对世界的实践精神的掌握,同时也就是人对世界的艺术的掌握”〔4〕,当然也就是审美的掌握。马克思讲人不受肉体需要的支配也进行生产,并且这种生产才是“真正的生产”,从而强调了精神生产。艺术活动便是一种精神生产。艺术的实践意义即审美意义,不同于艺术的认识意义。在朱光潜看来,生产实践是审美活动的直接前提和基础,而异化劳动则不是。

〔1〕 朱光潜全集:第5卷.安徽教育出版社,1996.70.

〔2〕 朱光潜全集:第10卷.安徽教育出版社,1996.188.

〔3〕 同〔2〕.195.

〔4〕 同〔2〕.197.

朱光潜认为人的生产实践既要考虑到主观要求，又要依据对客观事物的认识，按照美的规律去创造。这实际上与李泽厚后来所强调的合目的与合规律的统一是英雄所见略同。在文艺生产中，他提倡既要根据自然又要改造自然，反对自然主义。他还将认识与实践、人与自然、主观与客观看成是对立统一的，客观上也在消解着二元对立的思维模式。

朱光潜将艺术创造看成是一种精神生产实践，将移情也看成是一种人化，正符合了审美领悟本身的规律。人类自由自觉的生产劳动与艺术创造活动，在本质上是一致的。他以老一辈美学家多年的学养和睿智，从审美的角度敏锐地领悟到物质实践与精神实践在审美意义上的贯通，它可以很好地解释月亮等未经物质生产加工的自然在审美中是如何实现人的本质力量对象化的。李泽厚及其追随者们曾经批评朱光潜将意识活动和实践活动、精神实践和物质实践混为一谈。李泽厚讲朱光潜的"'实践'时而是指生产实践，时而又是指艺术实践；'生产'时而是指物质生产，时而又是指精神生产"〔1〕，而这恰恰是朱光潜的特点和优点。与朱光潜相比，李泽厚对"实践"的理解仅仅局限在物质生产劳动的看法，就显得过于狭窄。他只讲物质实践，不讲审美实践和艺术实践，实际上是对"实践"的误读误解。其实，在审美的意义上，生产实践与艺术实践、物质生产与精神生产恰恰是贯通的，而心灵创造和精神生产恰恰是审美活动的根本特征。准确地说，实践活动是人与对象构成审美关系的前提，审美活动是一种特殊的实践活动。

他对马克思主义的实践思想通过他固有的美学思想加以印证

〔1〕 李泽厚.美学旧作集.天津社会科学院出版社，2002.92.

和发挥。对于在机械反映论影响下成长起来的学者来说,要消除主客二分的思维模式、把美当成物质实体等教条主义思想的余毒,需要广泛地吸取古今中外优秀的美学思想,通过自己的努力来突破固有的思想束缚。而对于朱光潜来说,他过去已有的思想中就有了突破教条主义思想的因子。他的国学功底和西学背景给他提供了足以突破认识论美学的理论武器。因此,在别人那里是马克思主义思想与中外优秀思想相融合,在朱光潜这里则是其固有的学术思想与马克思主义的融通,这就是朱光潜实践美学的特色。他在阅读马克思相关著作的同时,就在心目中将西方学说、中国传统思想与马克思主义思想加以融通了,如他在解释《巴黎手稿》中人与自然的统一和相互依存时,就用了先秦诸子中的“人尽其能,地尽其利”加以参证。经过融通的朱光潜实践美学要突破的,主要是来自“左”的方面对他的批判。

对于实践美学观来说,没有朱光潜的实践美学观是不完整的。他对精神实践的阐释是“文革”前实践美学观的重要财富。20世纪末的一些超越实践美学的学者大肆批评李泽厚实践美学中物质实践的局限性,而根本不提朱光潜的实践美学观,这对实践美学是不公平的。

第三节

蒋孔阳的实践美学观

蒋孔阳提出了以实践论为哲学基础,以创造论为核心的审美关系论。他的实践美学是一种实践创造论美学。他从人与世界的审美关系中界定美学,研究实践的特征。这是一个以人为中心,以艺术为主要对象,以人生实践为本源,以审美关系为出发点,以创造—生成观为指导思想和基本思路的理论整体。他的"审美关系"论将人与现实的审美关系作为研究的出发点,已经在开始尝试着突破形而上学的主客二分的思维方式,包含了生成论思想的可贵因素。他强调主体、客体、主客体关系三者的变动性、复杂性、丰富性,把它们置于原生态的审美关系的背景中。

蒋孔阳以人与现实的审美关系为出发点,以社会实践即人的本质力量对象化或创造活动作为建立人与现实的审美关系的原动力和基础。蒋孔阳特别对关系作了深入的挖掘,他认为马克思主义的划时代意义是从人与自然的关系中全面研究人的,着重强调关系对人才有意义,包括人与自然的关系、人与人的关系,而人是自然性、物质性与社会性、精神性的统一在一定历史条件下具有丰富复杂内容的个性化的主体,其与丰富复杂的现实的关系,则是以人的需要为转化,以人的实践为动力的。审美关系作为人与现实的关系的一种,是通过感官来建立的、自由的、作为整体与世界发生的关系,从中全面展开人的本质力量,最终化为一种情感的关系。

蒋孔阳着重阐释了马克思"人的本质力量对象化"的观点。他认为"美离不开人,因而美的本质离不开人的本质","人的本质转化为具体的生命力量,在'人化的自然'中实现出来,对象化为自由的形象,这时才美"[1]。对于"人的本质力量"的理解,蒋孔阳基于马克思的原意,融通了李泽厚、朱光潜的解说,创造性地加

[1] 蒋孔阳. 蒋孔阳全集:第3卷. 安徽教育出版社,1999. 175.

以发挥，提出这“是一个多元的、多层次的复合结构。在这个复合结构中，不仅既有物质属性，又有精神属性；而且在物质与精神交互影响下，形成千千万万既是精神又是物质、既非精神又非物质的种种因素”[1]。关于对象，蒋孔阳也作了阐释，强调人化了的自然才能进入审美关系。关于对象化的活动，蒋孔阳也提出主体要有对象意识，所化的内容应该是根据社会的要求最能体现出本质力量的，是用形象化的实践方式双向反馈、循环不已地创造出来的有意味的形式，即“第二自然”。

在论及美感问题时，蒋孔阳从马克思主义的实践论出发，把美感看成是社会历史实践的产物。他认为，在审美活动中，“心理上的满足和精神上的享受，决不是自然的秉赋，而只能是在社会历史实践的过程中，经过世代积累，所诞生和形成起来的人之所以为人的特殊的本质力量”[2]。这种对审美心理的社会历史实践过程中的积累，正是美的产生和创造中的多层累的基础。

他提出“美在创造中”，将审美活动视为“恒新恒异的创造”[3]。他从马克思主义的实践观点出发，以主客体之间的审美关系为基础，兼采众长，从历史和逻辑的角度加以论证，提出了独树一帜的“多层累的突创”说，不仅解释了美的形成和创造的缘由，而且揭示了审美意识历史变迁的基本规律。其“多层累”说吸取了李泽厚“积淀说”的一些合理成分，同时更加强调了突创性。其“突创说”还受到了马克思主义的由量变到质变的质量互变规律的影响。他说：“从美的产生和出现来说，它具有量变到质变的

〔1〕 蒋孔阳.蒋孔阳全集：第3卷.安徽教育出版社，1999.185－186.
〔2〕 同〔1〕.272.
〔3〕 同〔1〕.147.

突然变化，我们还来不及分析和推理，它就突然出现在我们的面前，一下子整个抓住我们。”[1]这种由渐而顿、由量变到质变的过程具有突发性和创造性的特点，蒋孔阳将其比喻成“像母鸡孵小鸡一样，不是一脚一爪地逐步显露出来的，而是一下子突然破壳而出”[2]。

而所谓突创，则强调了审美过程中主体的创造性。这种突创，即突然的创造，表现在我们对美的感受过程中，带有直觉的突然性、感受的完整性、思想感情的集中性和想象的生动性等特点，是对审美活动的一种描述。审美活动本身就是一种创造性的活动，“主体与客体的关系，永远处于恒新恒变的状态之中，因此，美也处于不断的创造过程中”[3]。他把美看成是一个“开放性的系统”，一个“恒新恒异的创造”的过程，强调了审美活动中主观的能动创造性，并且具体深入地揭示了审美创造的丰富性和复杂性，包括个体的个性特征、心理素质和文化素养，特别是在具体的审美活动中主体的处境和精神状态。

蒋孔阳把美学研究放到对人的价值的发现和提升的高度展望未来，指出：“在21世纪，对人的展望，对美的展望，很可能也会经受各种曲折，但美作为人的本质力量的对象化，作为自由的形象，终究会被人所创造、所拥有，并呈现出恒新恒异的形态，人在审美关系中不断的自我实现和自我创造，正是人的价值和理想的不断发现和提升。”[4]朱立元认为蒋孔阳的实践美学实际上已经包含

〔1〕 蒋孔阳.蒋孔阳全集：第3卷.安徽教育出版社，1999.148.
〔2〕 同〔1〕.158.
〔3〕 同〔1〕.150.
〔4〕 同〔1〕.734.

着实践存在论美学的端倪:"'人是世界的美'强调了人是美的中心,但这并非鼓吹'人类中心主义',而意味着蒋先生实际上已开始把人的生存实践活动引入到本体论(存在论)的思考视野中,并以此为根基解决美学基本问题。"〔1〕朱立元自己正是由此出发,对实践美学加以创造性的发挥和发展的。

第四节

刘纲纪、周来祥的实践美学观

刘纲纪总结了他以前的实践美学理论,突出强调了创造的自由。他把马克思主义美学看成是一个建构的过程,实践自由论就是这个过程中的产物。他不同于李泽厚的"人类学本体论",而从实践的角度研究马克思主义的本体论问题,以实践为美学本体,将实践自由论美学建立在马克思主义的基础之上。

刘纲纪认为,人类社会活动是自然本体和社会本体的统一,并且从中体现了对存在作为基础的重视,而人又是存在的基础。刘纲纪特别强调了实践活动中的人的主体性,尤其是审美活动中具体历史的主体性。因此,刘纲纪的实践自由论美学体系是一种实践本体论美学体系,力图推进马克思主义实践美学的纵深发展。他吸收了李泽厚和高尔泰的自由观思想以及朱光潜的精神实践论思想,将美看成是人的自由的实现,认为劳动在满足人的生存需要

〔1〕 朱立元.对中国美学发展之途的一种思考.陕西师范大学学报,2004(2).

的基础上又超越物质生活的需要,带来精神上的需要,从中体现了人对自然自由支配的情感。

周来祥的实践和谐论美学以实践为基础,从审美关系入手,运用辩证系统的方法,强调人与自然、主体与客体、理性与感性、自然与必然、合目的性与合规律性的一致与统一,客观上弥合了主客二分,达到了主客关系的辩证和谐统一。他的思想虽然多少带有主体先行的味道,但其和谐观的思维方式及其对辩证统一的倡导,客观上也在消解主客二元对立的思维模式。周来祥反对把实践的本质等同于美的本质,反对将本原论等同于本质论,将审美关系同人与世界的其他关系区别开来,重视对象和个体。他认为,审美关系是在实践活动中形成的、以情感为中介的、在真善统一中寻求美的主客统一的关系。审美主体和审美客体处于特定的关系之中,审美主体不能离开审美客体,审美客体也不能离开审美主体,美是对象作为人的本质力量并与之和谐自由对应的产物,脱离了这些关系,美就无从产生。

第五节 张玉能的实践美学观

张玉能的新实践美学也是对蒋孔阳实践创造论美学的一种发展。他强调以人的生存为条件,以社会实践为出发点来探讨审美问题,主张人是在自我生成和发展的历史实践中,从实践走向了创造,当创造达到了一定的自由的程度,就产生了人对现实的审美关系，生成美和美感，凝结成艺术。除了受到蒋孔阳的影响外，张玉能还更多地受到李泽厚的影响，更多地强调作为物质生产劳动的基础实践，即实践的物质性；并且强调生存是人类一切活动的条件，而实践是人区别于一切动物，特别是构成审美关系的历史起点。在此基础上，张玉能继承蒋孔阳的创造观，由人的实践进一步推进到人的创造。

张玉能根据马克思的思想，把人的创造活动视为自由自觉的实践活动。正是有了这种审美实践，即"自然的人化"和"人的本质力量对象化"，人作为审美主体才可以从这种凝结、负载着审美价值的自然对象中由于感受和体认到自我生命的价值和意义而获得一种极大的美感愉悦与精神欢畅。他还强调通过"实践的艺术化"和"生存的审美化"[1]，最终实现造就自由全面发展的人。

张玉能认为应该正确地看待生产活动和审美活动的源流，反实践论者将两者混同，再对实践美学加以批评，是不符合事实的。他说："马克思正是从这种劳动的自由创造性的本质上论证了'劳动创造了美'，即美内在地生成于人的劳动之中。因此，那种指责实践美学把生产活动与审美活动简单地等同起来的论点是未明白这种实践本体论的含义，即审美活动是生产活动(实践)内在生成出来的、派生出来的，后者是前者的本原，二者根本不能等同。"[2]他主张物质实践是审美实践的基础，审美实践是在以物质实践为基础的前提下独立生成和展开的。"审美实践是由物质实践内在地生成出来、派生出来的。而有了审美实践，创造了审美价值后，

---

〔1〕 张玉能.新实践美学与实践观点.武汉理工大学学报,2002(2).

〔2〕 张玉能.实践美学:超越传统美学的开放体系.云梦学刊,2000(2).

这种具有独立意义上的审美欣赏才开始不断生成,不断展开。”[1]以物质实践为本根,又在此基础上派生、生成和展开审美活动,这就避免了李泽厚将实践局限于物质实践的不足,充分考虑到了物质实践的基础作用,又强调了审美实践的独立价值和独立意义,从而较客观地梳理了物质实践和审美实践的关系。

张玉能充分肯定了实践美学在整个美学发展史,特别是中国美学发展史上的贡献。他认为以李泽厚为代表的实践美学超越了20世纪五六十年代的其他三派:“实践美学的最大历史贡献就在于为中国美学找到了最具有超越和自我超越能力的哲学基础——马克思主义的实践唯物主义,从而把马克思主义美学对于以黑格尔为主要代表的传统美学的超越具体化为中国美学中的一次巨大的超越,那就是超越以认识论为主要哲学基础的中国近代传统美学,特别是对于以吕荧、高尔泰为代表的主观派,以蔡仪为代表的客观派,以朱光潜为代表的主客观统一派的总体性的超越。它的具体表现就在于,从马克思主义的实践观点出发,既超越了单纯认识论的美学框架,又超越了主观与客观二元对立的思维方式,建立了以李泽厚为代表的以人类学本体论或主体性实践哲学为哲学基础的实践美学或实践派。”[2]这种评价对于高尔泰,特别是对朱光潜等人,或许还有失公平,因为他们与李泽厚有某些相似的局限性,而在新时期又在同步地前进。但张玉能此处评论的主要目的在于强调实践美学对于美学的传统思维方式乃至整个学术界的超越的贡献及其意义,这是有一定的道理的。

〔1〕 张玉能.实践美学:超越传统美学的开放体系.云梦学刊,2000(2).

〔2〕 同〔1〕.

张玉能还提出后现代主义在社会文化背景上与实践美学是同步的[1]。张玉能认为，后现代主义彻底拒斥形而上学，反对二元对立的思维方式，颠覆"逻各斯中心主义"，目的在于彻底消解理性，消解人类主体或人类中心，彻底反对本质主义、基础主义，鼓吹反普遍主义的多元化，追求意义的非确定性。而"马克思主义实践美学从根本上颠覆了审美判断（美、艺术）的永恒确定性"，因为审美、艺术都是在社会实践中生成的，是不断变化发展的。"从根本上消解了审美（美、艺术）的普遍有效性"，"消解了审美（美、艺术）的主观合目的性"，"消解了审美（美、艺术）的主观必然性"[2]。这种判断是不是正确，当然还可以讨论，但不把实践美学看成是与后现代主义对立的做法是值得尝试的，有助于实践美学的发展。

张玉能主张要在后现代语境下通过交流、对话和理解，积极"应答后现代美学的提问"[3]，拓展实践美学，把实践美学建成"超越传统美学的开放体系"，认为实践美学"不是结束了真理，而是打开了通往真理的道路"；"严格地说，实践美学正在不断的建构之中，还未到被'超越'的时候"[4]，这就将实践美学看成一种发展中的美学、面向未来的美学。张玉能还把马斯洛需要层次论等观点看成是马克思主义相关观点的补充和发展，以便进一步拓展实践美学的空间，使之更为开放，实现实践美学的超越和自我超越。张玉能的一位博士生也提出，实践美学受到的挑战是"空前

〔1〕 张玉能. 后现代主义与实践美学的同步. 江汉大学学报，2002(4).
〔2〕 同〔1〕.
〔3〕 同〔1〕.
〔4〕 张玉能. 实践美学：超越传统美学的开放体系. 云梦学刊，2000(2).

的”，目前应该“重树话语威信，完成理论的更新与转型”[1]。尽管要做到这一点，实践美学的任务还很艰巨，但已经有了这样的意识，就已经算是良好的开端了。

第六节 朱立元的实践美学观

在对实践美学的继承和发展过程中，朱立元和张玉能自始至终都是捍卫者和继承者。在争鸣的过程中，面对责难与挑战，他们也并非固执己见，而是采取开放兼容的态度，对论敌的合理因素予以吸取，如对生存条件等前提条件的重视，是朱立元和张玉能对实践美学的发展作出的共同贡献。

朱立元将他的实践存在论美学建立在马克思主义的实践论基础之上，以实践论为哲学基础。他以蒋孔阳的实践创造论美学为出发点，从“人是世界的美”等命题中挖掘存在论思想的萌芽，将其发展为“实践存在论美学”，以此作为超越实践美学对后实践美学批评的一种回应。朱立元主张，实践美学必须突破以求知为目标的认识论美学的束缚，跳出主客二分的认识论思维模式，以推动美学多方面的重新发展。他的实践存在论美学要求以实践论和存在论的结合作为哲学基础，坚持生成的而不是现成的观点，以审美活动作为美学研究的出发点，把审美活动当成一种基本的人生实

[1] 王庆卫. 对实践美学的再认识. 武汉理工大学学报，2002(2).

践,把广义的美当成一种人生境界。在他主编的《美学》一书中,朱立元就开始尝试建设他的"实践存在论美学",认为"审美是一种基本的人生实践","广义的美是一种特殊的人生境界"。在结构上,他以"审美现象"—"审美关系"—"审美活动"为逻辑起点来展开整个系统。他的实践存在论美学是一种本体论美学。

朱立元批评了"有的美学家在将实践本体论引入美学时有一些简单化的倾向,即把实践范畴直接作为美学的逻辑起点,或直接用作解决美学基本问题(如美的本质、美感的本质等)的万能范畴,因此给人以一般化和大而无当之感,缺乏理论说服力","有的美学家如李泽厚先生对实践范畴理解较窄,单纯停留于物质生产劳动这一含义上,而未把种种人生实践,如道德实践、交往活动和精神文化活动(即马克思所说的精神劳动或精神实践)考虑在内"〔1〕。朱立元在早些时候还认为:"李泽厚的美学理论不代表实践美学的全部,李之不足,不等于整个实践美学的不足。"〔2〕他的实践存在论思想在马克思实践论的基础上,吸收、融和存在论中合理的方面,从存在论纬度理解和阐释实践,在某种意义上是对于马克思主义实践范畴本来意义的恢复、还原和再阐发。他认为美是生成的而不是现成的,审美对象与审美主体只有在审美活动中现实地生成;审美活动是一种基本的人生实践,广义的美是一种人生境界。

针对后实践美学对实践美学的批评,朱立元认为:"他们在某些重要方面指出了以李泽厚为代表的实践美学主流派和整个中国

〔1〕 朱立元. 对中国美学发展之途的一种思考. 陕西师范大学学报,2004(2).

〔2〕 朱立元."实践美学"的历史地位与现实命运——与杨春时同志商榷. 学术月刊,1995(5).

美学的不足之处,也提出了许多对于美学建设有价值的意见。譬如他们都强调美学要突破认识论(知识论)和主客二分的思维模式,可以说抓住了束缚中国美学发展的要害,……他们把生存、生命活动与美的本质联系起来,强调审美的个体性和自由超越性,这为中国美学发展也提供了一个有价值的思路。"[1]但对于后实践美学对实践美学的否定,朱立元作出了坚决的反对。他认为实践美学并没有过时,应当"加以改造和完善"。为此,他提出了要从存在论角度看待实践美学,援引存在论思想改造传统的实践美学,并向着这个方向进行探索,这对于推动中国当代的美学建设和发展是有价值的。

第七节

超越实践美学观

实践美学在当代作为一种影响持久、人多势众的学术流派,也受到了各方面的批评,其中既有对于实践美学补天式的建设性批评,包括对其逻辑上的批评和持实践美学观点者内部相互之间的批评,又有所谓超越实践论或后实践美学对实践美学的否定式的批评。其中,实践美学内部的相互争论和推敲,无疑有助于实践美学的丰富和发展,加之从当代西方美学和中国传统美学思想中接引思想资源,故实践美学是一个开放的思想体系,具有一定的生命

〔1〕 朱立元.对中国美学发展之途的一种思考.陕西师范大学学报,2004(2).

活力;而超越实践美学则将实践美学当成过时的理论加以批驳和否定。

以杨春时为代表的超越论美学,针对实践美学的理性主义和现实化倾向,将实践本体变为生存本体,提出要对个体的存在与活动的丰富性给予足够的重视,要以人的“存在—生存”为其本体论基础,通过自上而下的方法研究美学。他给实践美学罗列了十大罪状,其中有的有一些道理,但更多的是不实之词、前后矛盾之词,或误解,或以偏概全。例如,“第一,实践美学残留着理性主义印记,把审美划入现实活动领域,从而忽略了审美的超越性特征”;“第三,实践美学强调实践的物质性,因此,由物质实践出发来考察审美,就不可避免地忽略了审美的纯精神性”;“第四,实践美学强调实践的社会性,仅仅从社会活动角度考察审美,从而忽视了审美的个性化特征”等等,充其量只能算是李泽厚的弱点,对朱光潜和蒋孔阳来说就不贴切,更何况即使是李泽厚,也在从马克思的文本出发,多次强调感性问题,要建立“新感性”。而“第八,实践美学强调了实践的生产性、创造性”,这创造性就具有个性化的特征,与第四条矛盾,且使“第十,实践美学由于实践范畴的局限,存在着以一般性取代特殊性的倾向”等都是些不实之词。[1] 杨春时批评实践美学偏重社会性、伦理性,而忽视美自身的特性,偏重理性而忽视感性,充其量也主要是在罗列李泽厚早期实践美学的一部分思想,其中一些观点李泽厚自己在新时期早已逐步放弃了。而且马克思主义实践观在本质上就是一种超越,正是实践使人超越于动物而创造了人本身,其他如审美的感受能力和人的本质力

---

〔1〕 杨春时.生存与超越.广西师范大学出版社,1998.153－158.

量对象化等特征,都具有超越性的特征。

其实,比起实践来,生存同样是一个具有社会性意义的范畴,一个更为一般的概念。实践侧重于强调美的历史起源、个体创造和欣赏过程,而生存涉及的是终极关怀和个体追求,两者之间是可以合一和互为补充的。所谓的生存方式、自由、超越等,最终都要通过实践或审美的心灵实践来完成。人的族类的先天基础和独特的感悟能力与方式,也都是要通过实践才能获得实现,我们不可能脱离实践孤立地从生存角度去谈审美。实践美学将审美的本质同人的本质联系起来,与追求丰富的个性并不矛盾。实践美学将物象和人自身看成社会实践的产物,其历史的起源与内在本质本是统一的、不相矛盾的。而且,在对人的价值的重视、对感性要求的满足和人的个性解放方面、对主体性的高扬方面,超越论美学与实践美学有更多的会合点,都是要重建人文精神。

杨春时试图"确认社会存在即人的存在为逻辑起点"[1],但人的存在或生存问题,都要以实践为基础,而且奠基于生存的超越,也依然要通过社会实践。杨春时后来又进一步提出,美"不是已然的现实,而是一种超越的可能性,不是指向现实或实践,而是指向超越、形上的领域",它"只能由生存体验和哲学反思不证自明,而不能被历史经验证实或证伪",同时又主张"由审美的超越性推演出审美的超越本质"[2]。这在逻辑上是有问题的,一方面不证自明,另一方面又不能被历史经验证实,那么逻辑又如何推演?他的审美的超越性岂不只能信仰、不能论证了?岂不陷入了

〔1〕 杨春时.走向"后实践美学".学术月刊,1994(5).
〔2〕 杨春时.新实践美学不能走出实践美学的困境.学术月刊,2002(1).

宗教的神秘主义？

从2002年开始，杨春时又借用现象学的“主体间性”术语进入他的后实践美学。虽然他的“主体间性”与现象学的“主体间性”在内涵上不是一回事，但运用主体间性恰恰没有使得后实践美学与实践美学截然分开。主体间性是指主体间的心灵具有共同特性，它在胡塞尔那里建构了一个共享的世界，而到了梅洛·庞蒂那里，则抛弃了传统的主客二分的思维方式，包含着形体存在间性，这实际上是康德先天共同感思想的延伸，与实践美学的思想恰恰是相吻合的。而且“主体性”与“主体间性”既不是一组对立的概念，也不是一组平行的概念，无从用来作为现代与后现代的分野。如果说主体性的对立面是客体，那么主体间性作为群体性更加是相对于客体而言的，而并不像杨春时所理解的，以为主体性是二元对立的产物，而主体间性则是主客融合的。杨春时显然误用了主体间性这个词，而且在论证上混淆了逻辑关系，反而使自身更靠近实践美学了。杨春时说：“人与自然的关系变成了我与另一个我的关系，我把自然当成有生命的、有情感的主体，我与之交往、对话、和谐相处，双方都获得了升华，我成为自由的个性，自然成为自由的对象。因此，我才能为自然所感动，在对自然的体验中获得升华。”[1]这不是情景交融、天人合一吗？与实践美学有什么对立可言？特别是与后期发展了的实践美学有什么本质区别？

超越实践美学的用意是可以理解的。学术总是要不断地向

[1] 杨春时. 从实践美学的主体性到后实践美学的主体间性. 厦门大学学报，2002(5).

前探索、向前发展的，但实践美学本身也在发展着，并没有固守教条。实践美学自身有着超越性和开放性的特征，不断地在取得建设性的成就。发展了的中国美学必将吸收实践美学的成果，实践美学的成果也必然会融会到中国美学的长河中，一代一代地传承下去。

第三章

实践美学发展的必要性

实践美学作为中国最大的美学流派，半个世纪以来有一大批美学家为之不懈努力。特别是20世纪80年代以来，实践美学取得了卓越的成就，目前还在继续向前发展。同时我们也看到，实践美学在其发展历程中一直受到质疑和批评。早期是来自"左"的方面的批评，而近十多年来又受到了一些激进派的否定性批评，特别是近年来反实践美学学者的批评，要求超越和告别实践美学。这些批评中充满着误读和偏见，也不乏急功近利的心态，以期引起学界的注意。为此，我们有必要对实践美学采取客观、冷静的态度，评价实践美学的历史意义和现实价值，指出反实践美学的种种逻辑和观点上的混乱与误解，并在此基础上阐释实践美学的特点以及实践美学进一步发展的必要性。

第一节 后实践美学观

实践美学发展的阻力主要来自反实践美学、后实践美学，即超越者、告别者们那里。他们对实践美学存在着种种误解，把实践美学的思想加以孤立、肢解，个别极端的甚至认为，一切保守的、落后的、需要否定的内容就是实践美学的，一切前卫的、崭新的、肯定的内容就是西方当代美学的；如果实践美学有了发展，就不是实践美学了。这对实践美学来说是不公平的。

反实践美学论者一方面对实践美学加以歪曲和妖魔化，认定实践美学忽略了人类活动的精神性意义，要求实践美学符合自己内心想象的论敌形象。杨春时说:“实践美学认为,美是实践活动创造的,因而它也是现实属性或价值。”〔1〕这种推论是错误的。创造即自由,即理想。实践美学并不反对超越现实寻求自由。李泽厚早期即说:“就内容言,美是现实以自由形式对实践的肯定;就形式言,美是现实肯定实践的自由形式。”〔2〕自由即理想。蒋孔阳认为,审美关系是“人的本质力量在现实生活中的自我创造和自我实现”〔3〕。现实中的自我创造和自我实现,就是理想。蒋孔阳后来所说的“美在创造中”,更是在强调创造,而不是反映。实践的自由是根本,心灵自由是实践的结果,没有实践的自由就没有真正的心灵自由,物质和精神的自由是奠定在实践的基础上的。蒋孔阳关于美和美感的多层次分析之中就有精神自由的例证。在审美中,理想与现实是统一的,没有离开现实的理想。反实践美学的学者总是强调超越现实。理想可以超越现实,但不能不基于现实。对现实、客观的尊重是一种基础,完全超越现实的“超越性”是不可能存在的,审美的超越性决不是断线的风筝。

有时候,只要某个人的缺点对批判有利,一些反实践论者就偷换概念,以偏概全地加以批评。以李泽厚的早期观点为整个实践美学流派的观点,就是一个典型的例子。李泽厚是中国实践美学的倡导者和先驱,但不代表李泽厚的每一句话都是实践美学的内容。实践美学成为一个流派,就不只是李泽厚一人的看法。“实践美学”与“李泽厚”的名字之间不能对等互换。李泽厚后期的思想对前期又是有发展的,不能说前期是实践美学,而后期就与实践

〔1〕 杨春时.再论超越实践美学——答朱立元同志.学术月刊,1996(2).

〔2〕 李泽厚.美学论集.上海文艺出版社,1980.164.

〔3〕 蒋孔阳.蒋孔阳全集:第3卷.安徽教育出版社,1999.116.

美学毫不相干,也不能说李泽厚正确的言论就不属于实践美学,不相干的言论只要是可以批评的(如对心理学的绝对的科学态度),就都看成是实践美学的内容。更不能以李泽厚的某些观点为基础,在想象中建构一个供批判的实践美学观,以自己理解的实践美学为靶子。反实践美学的学者,抓住李泽厚早期带有时代烙印的观点不放,并且扩大到整个实践美学流派,乃至只是纠缠在某个历史的细节中。杨春时说,实践美学认为"审美规律源于、决定于物质实践规律,从而否定了审美的超物质实践的本质"〔1〕,把李泽厚早期的观点强加给整个实践美学的学术群体。章辉虽然认为"朱光潜对马克思实践观的不同理解开启了实践美学的另一维度。刘纲纪、周来祥发展了李泽厚的基本观点,使实践美学走向体系化"〔2〕,但在对实践美学具体批判时主要还是局限在李泽厚本人,特别是他的早期观点。他们甚至把蔡仪的反映论观点强加在实践美学头上,如章辉说"实践美学认为,美感是由认识真理引起人的一种精神愉悦"〔3〕,就是一种张冠李戴的不实之词。杨春时本人也说:"80 年代美学论争主要在李泽厚派的实践美学与蔡仪派的反映论美学之间展开,朱光潜、高尔泰虽然与李泽厚派有分歧,但他们也都以《手稿》为经典,都主张人道主义、主体性,因此本质上与李泽厚派是一致的。李泽厚用美学思想来肯定主体性、人道主义。高尔泰以审美的名义呼吁个体自由。"〔4〕可见,他也知道反映论美学是蔡仪的,却常常将其强加给实践美学,并笼统地说实践美

〔1〕 杨春时.超越实践美学 建立超越美学.社会科学战线,1994(1).

〔2〕 章辉.实践美学:一段问题史.人文杂志,2004(4).

〔3〕 同〔2〕.

〔4〕 杨春时.20 世纪中国美学论争的历史经验.厦门大学学报,2000(1).

学忽视个体自由。

另一方面,反实践美学论者反对实践美学的发展,以保持其作为自己靶子的某种形态。他们既不满意实践美学的既有思想,认为实践美学过时了,又反对实践美学自身的继承和发展,要求实践美学停留在早期的状态,保持"原汁原味",目的在于孤立早期实践美学,不准人们偏离早期实践美学,不准人们发展实践美学。因为实践美学一旦发展、完善了,就不能成为他们的靶子了,不能供他们批判了。于是,他们激烈反对实践美学的发展,反对朱光潜把艺术生产视为实践,反对朱立元从存在论美学里汲取营养与实践美学思想结合,反对张玉能的新实践美学……否则就是混淆物质实践与精神实践,就是"把马克思海德格尔化"、"把马克思沙特化"。任何发展的努力与尝试他们都反对,他们只需要一个早期的实践美学作为标本与靶子,供他们抨击,供他们超越,给他们垫脚,给他们"告别",这显然不是一种科学的态度。杨春时所谓"这岂不是说它与西方美学虽基础不同而结论相同吗?"[1]的指责,也是错误的。实践美学与西方美学的结论相同也在情理之中,因为对真理的探索总是殊途同归的,实践美学和西方当代美学中都包含着真理,为什么两者之间就不能"基础不同而结论相同"呢?只要我们承认实践美学和西方当代美学中都包含着真理,结论就可以是相同的。任何真理都是在现象中被发现的,而不是被发明的。审美活动的基础和过程中的实践客观存在在那里,马克思和西方当代许多学者从不同角度发现了审美活动中的实践现象,并加以概括和总结,当然可以英雄所见略同,当然可以"基础不同而结论

〔1〕 杨春时.再论超越实践美学——答朱立元同志.学术月刊,1996(2).

相同”。

另外,反实践美学学者的评价在逻辑上也常常是混乱的、前后矛盾的,这就削弱了他们的说服力,让人们感到他们以超越本身为目的,并不在意学理上的严密。他们一再强调李泽厚只重视理性而反对感性,把这看成是实践美学的主要罪状之一。实际上,李泽厚对感性虽不够重视,但他也始终认为审美体现了感性与理性的统一,到20世纪80年代还提倡建立“新感性”,不能说他反对感性。后来的实践美学学者更进一步强调了感性。杨春时的超越美学强调生存,更明确地认为“生存的基础是物质实践”,“审美是最高的生存方式,它充分地体现了生存的精神性、个体性和超越性”[1],与实践美学的许多学者并无原则冲突。朱光潜一直在强调实践的精神性,而朱立元实践存在论美学则更强化了生存问题。而且,物质生产是人的一切精神活动的基础,生存的精神性、个体性和超越性都是直接或间接地以物质生产为基础的。至于超越性,实践对于美学的价值与审美具有超越性特征不是同一层面上的问题,两者互不影响。超越性也只是审美特征的一种。

实践活动本身在感性形态上是具体的,而美学研究中学理的概括则是抽象的,实践的具体性与抽象性是不矛盾的。实践美学学科的理性特征和审美活动的感性特征两者并不矛盾,反实践美学的学者硬要张冠李戴地加以批判,只以学理上抽象的实践概念为靶子,把作为人的存在活动的个体感受性的实践看成是非实践的,这就显示出他们逻辑上的混乱。

---

〔1〕 杨春时.超越实践美学 建立超越美学.社会科学战线,1994(1).

第二节

实践美学自身的发展

实践美学作为一种处于发展中的美学,有自己的特点。同任何事物诞生、发展的规律一样,中国的实践美学从一开始就是不断完善和发展的。审美活动的过程是一个生成的过程,实践美学的学术思想也同样是一个生成的过程。任何有生命力的学术思想都有其产生、发展的历程,都需要与时俱进,而不可能是预成的。这是一切事物存在的必然趋势。传统儒学的发展历程就是一个典型的事例,体现了学术思想发展的客观规律。正如儒家思想经过几千年的发展,没有原汁原味地保留孔子等先贤的思想一样,无论是汉儒还是宋儒,抑或当代新儒家,都不可能停留在先秦原儒,都不同程度地在新的历史条件下继承和发展了儒家学说。而这并不影响儒学在中国文化中的地位,不影响我们对儒学与孔子的崇敬。从秦始皇的焚书坑儒到五四时代的"打倒孔家店",都没有能否定和消除孔子与儒学思想在中国文化中的地位与影响。同样,实践美学在当代中国的发展,也并不影响我们对马克思实践美学的肯定和继承。

李泽厚20世纪五六十年代的实践美学虽然受到当时教条主义认识论的时代局限,但它本身已经在突破机械唯物主义反映论的藩篱。他当时所谓的客观性、社会性实际上已经既具有客观性又具有主观性，和朱光潜的主客观统一说相接近。实践美学从一开始就与机械唯物主义的反映论划清了界限。李泽厚早期提出客观性与社会性的统一，其社会性尽管是在强调社会共性，虽然有二元对立的烙印，但也是在当时的社会条件下强调主观性，有社会性就必然有主观性。朱光潜的主客观统一说更是强调了主观，开始消解二元对立的思维模式。朱光潜的实践包含着精神实践，更是强调了主观性。由于早年在国外接触了大量的超越主客二分思想，朱光潜从主客观统一论就开始探索消解主客二元对立的思维模式了。从马克思、恩格斯原著出发，朱光潜将艺术生产看成是一种精神实践，进一步发展了李泽厚的实践美学观。一些反实践美学的学者对晚年朱光潜的肯定，主要是对他实践美学观的肯定。实践美学中，李泽厚讲感性形式中积淀着理性内容，蒋孔阳强调感性与理性的统一，乃至是在感性基础上的统一，这与把审美视为理性活动完全是两回事。到朱立元借鉴和援引存在论发展实践美学，正是在进一步强化和消解二元对立的思维模式。同时，许多持实践美学观的学者都在强调在实践基础上的个体与社会的统一。

在实践美学的发展历程中，20 世纪五六十年代固守马克思、恩格斯文本的字句，是当时现实的无奈，也是一种时代局限，但只要不持教条的观点，马克思、恩格斯文本中许多精辟的见解便可得到阐释；而早年留学海外的朱光潜等人，则有宏大的视野。到 20 世纪八九十年代的思想解放运动，人们便有了更为开阔的视野，借鉴西方现代思想发展实践美学便是一种积极的态度，在新世纪更可以得到多元的发展。如在研究《巴黎手稿》中的美学思想中，能突出个体的自由问题，将美与自由联系起来。特别值得强调的是，蒋孔阳用创造来阐释实践与审美的关系。早在 1957 年发表的《简论美》中,他就已经分析了马克思对创造性本质的强调。他后来的恒新恒异的创造、多层累突创等,都是对实践美学的继承和发展。他是发展实践美学的楷模。这也是章辉等人所见到的事实。

结合审美实际和中国美学实际,实践美学对马克思、恩格斯的文本有继承、有发展,有突破、有创造。西方现代美学作为人类文化的宝贵遗产,为什么只准反实践美学的学者吸收,不准实践美学的学者吸收呢?杨春时说:"80 年代各派美学虽然仍在 50—60 年代理论起点上建构,但已经突破认识论局限,而深入到本体论层次和扩展到价值论领域。尤其是李泽厚的实践美学,找到了实践哲学(或人类学本体论)基础,而实践哲学以其主体性与多种新学科知识兼容,如向人类学、社会学知识开放、吸收;而他的'积淀说'则明显地吸收了荣格的集体无意识理论,皮亚杰的发生认识论和克乃夫·贝尔的'有意味的形式'说,具有诸如心理学、符号学、人类学的知识内涵。李泽厚的实践美学在 80 年代成为主流学派,除了其价值取向外,知识含量大,能够容纳众多现代新学科知识,也是重要的原因。"[1]这不正是反实践美学所称的吸收西方现代美学吗?除了李泽厚,其他实践美学的学者如朱立元等也都积极吸收西方现代美学成果,何来超越说、告别说?

有时候,反实践美学的学者也有肯定实践美学成就的片言只语,强调应该发展实践美学,这就与他们的总体论调相矛盾、相冲突。如章辉在总结实践美学的已有贡献时说:"第四,实践美学呼唤主体精神,把崇高给予人的能动的创造性,具有积极乐观的人文品格。第五,实践美学找到了实践这个人与自然的中介,这是它对

〔1〕 杨春时.20 世纪中国美学论争的历史经验.厦门大学学报,2000(1).

美学本体论的最大贡献。”〔1〕这一客观的看法与杨春时的看法不同。而杨春时所说的“总之,实践美学只有在批判基础上发展才有出路”〔2〕,这个结论与我们的观点相差不大,实践美学的不足当然需要扬弃,但不能曲解,更不能一棍子打死。

第三节 实践美学发展的途径

实践美学确实需要继续发展和修正。正如其他各种学说思想需要发展一样,实践美学也需要发展,需要综合前人的各种有益的探索,借鉴当下的优秀成果加以推进,这是学术思想发展的必然规律。马克思的实践美学思想,需要我们吸收马克思之后的人们的思想,加以融会贯通。无论从自身逻辑发展的角度看,还是从时代发展的角度看,实践美学都是需要不断发展和与时俱进的。发展是文化和学术建设的基本内涵,靠全盘否定不能解决问题。在实践美学的发展历程中,我们不要因某些思想不成熟,就急于轻易否定它。如果一有端倪就被否定,将导致中国的美学研究像猴子掰苞谷那样,掰一个扔一个,几十年下来一无所获。中国美学需要建设性大于破坏性,珍惜已有的财富,加以发扬光大,这样才能有积累。合理的批评和诘难只能表明实践美学还不够成熟,而并不代

〔1〕 章辉.实践美学:一段问题史.人文杂志,2004(4).

〔2〕 杨春时.20世纪中国美学论争的历史经验.厦门大学学报,2000(1).

表它就应该被彻底否定或取代。

首先,我们承认实践美学目前的状态是有局限、有不足的,因此需要发展。中国的实践美学诞生于20世纪60年代,虽然在当时具有先锋性和独到性,遭到来自“左”的方面的批判,但还是不可避免地打上了时代的烙印。实践美学派与后实践美学派的分歧,在于是发展它还是抛弃它。因此,实践美学一方面要不断发展,不断完善,经得起质疑和推敲;另一方面学术界也要给实践美学以宽松的环境,让其发展和完善。其中的一些学理性问题,也需要进一步规范。例如,对实践的理解、对“自然的人化”的理解,还存在着见仁见智的现象。尽管其他学派在不同学者那里对同一个范畴的概念的理解也常常是有差异的,如现象学中的意向性、本质直观等范畴,但我们还是要力求对实践美学基本范畴的理解趋于基本一致,以使实践美学学说更为严密。

第二,实践美学需要冷静、科学和严密的态度,而不能情绪化、绝对化。如审美活动不同于认识活动,但我们不能为了这一点就绝对否定审美活动中的认识成分。审美活动是一种感性的直觉体验,不是认识活动,但它依然或多或少地包含着认识的成分,我们不能因为要强调它的感性体验而完全否定其中认识的成分。绝对化、情绪化是要求超越实践美学的学者们的致命弱点。再如,用实践阐释美的起源与本质也需要客观严谨,起源论与本质论既是相通的,又有不同之处,对起源的研究不能代替本体研究,但起源问题本身不可忽略。这就需要我们对具体问题作具体研究。

第三,实践美学需要多元探索和发展。任何一种有生命力的学术思想,在其形成和发展历程中都应该具有开放性和包容性。事实上,许多学者从不同角度阐释实践美学,自然形成了多元开放体系。多元发展是一种必然趋势，借鉴西方当代各种思想中的有益成分是必要的。弗洛伊德的心理分析需要借鉴，其性心理思想同样是人类学术思想宝库中的重要财富。性爱说到底也是一种实践活动。其他如人类学、人本主义思想中的精粹，都可以让实践美学和其他思想加以借鉴和运用。当然，这种借鉴是一种消化、吸收，而不是生吞活剥。如朱立元借鉴存在论美学，并不意味着以存在论美学为基础，或以存在论哲学作实践美学的根底。同时，实践美学既可以在本体论形态下探索美学基本问题，也可以超越本体论去探索，关键是从实践的角度去探索，而不是拘泥于固定的教条。当然，这种发展是对基本范畴疆域的拓宽，如对实践的理解不能局限在哲学的疆域，更不能局限在某本书设定的疆域。

第四，实践美学不是万能的。任何一种思想都会有其不足和盲点，柏拉图、亚里士多德的思想是如此，康德、黑格尔的思想是如此，当代西方各种派别的思想更是如此，没有一种思想是亘古不变的终极真理。实践美学的思想当然也不会是终极真理，它是中国美学界在美学探索中的一个重要贡献，也将是中国美学史乃至世界美学史上不可忽视的承前启后的重要环节。实践美学不是万能的，它不能涵盖美学理论的全部内容。实践美学是一个研究角度和研究方向，如果不通过实践，我们很难全面理解审美和艺术的起源，很难全面理解艺术创造活动的过程，但实践主要是审美主客体的基础，不能取代各种审美现象的内部规律研究。同样，“自然的人化”也不能涵盖审美对象的全部内容。实践美学的基本思想与美学全部内容中的其他部分必须互相协调、互相影响，共同推动美学基本理论的发展。马克思的实践本体论是实践美学的基础，但它不能涵盖美学研究的所有内容。

平心而论，虽然有误解、有歪曲，反实践美学的存在客观上是有利于推动实践美学的发展的，但反实践美学的学者也不必过分夸大自己的作用。对李泽厚的质疑从高尔泰、刘晓波等人就已经开始了，当前的中国美学现状也不是简单的实践美学与反实践美学二者对峙。讨论尚未结束，论功为时尚早。中国美学不能为了标新立异而标新立异，不能以情绪化代替科学的态度。学术不是权术，我们应该怀抱客观真理，而不能侥幸地存有哗众取宠的投机心理，更不能武断、霸道。实践美学不能涵盖美学的全部疆域，其中的许多观点也有待进一步论证和发展。审美现象本身是丰富复杂的存在，需要美学的多元发展和积累。既然任何学术都是可以发展的，包括反实践美学的学者也都可以发展，为什么唯独实践美学只能死亡、不能发展呢？美学发展确实应该有多角度、多方面的新探索。我们不反对批评实践美学的不足，但也希望能给实践美学更多的宽容，允许其发展。

第四章

马克思的实践美学观

在中国，肇端于20世纪50年代末、兴起于60年代、鼎盛于80年代的实践美学观，以马克思的《巴黎手稿》为基础，结合马克思和恩格斯的相关思想并加以创造性的继承和发挥，形成了中国当代最有影响力的美学流派。这个流派对美学领域具有不可忽视的学术贡献，因而有着很高的现实意义，并且必将对未来的中国美学乃至世界美学产生深远的影响。其中，马克思富于创造性的实践观点及其美学思想是其基础，我们应该予以充分的肯定和重视。

第一节

马克思的审美观

马克思没有写过专门的美学著作，更没有创构一个严密、完整的美学体系，但在他的思想体系中，依然包含着丰富的美学思想，包含着对审美问题的精辟见解，这些思想和见解至今都给我们以深刻的启示。所以，卢卡契说"马克思美学既存在又不存在"[1]，是有道理的。《巴黎手稿》虽然不是一部美学专著，但它是体现马克思重要美学思想的著作，其中不少地方论及美学问题，并在对象化劳动实践的前提下展开讨论，体现了后来被我国学者发扬光大的实践美学观。这些美学思想与马克思在其他著作中的美学思想是密切相连的，马克思许多重要的美学思想就孕育、产生于《巴黎手稿》之中。

〔1〕 卢卡契.审美特性:第1卷.中国社会科学出版社,1986."前言"5.

马克思通过经济学与哲学相结合的研究，把审美问题放到社会发展的总体层面上去理解，他的关于人类社会生活的背景及本质的研究对我们富有启发性，为美学的研究提供了宏观的前提和背景。他对社会历史的分析，为美学提供了一个宏观的视野。他通过实践对人的起源和社会历史起源的阐释，在审美活动和艺术的历史起源问题上给我们以启示。

马克思认为，人们必须以基本生存的物质需要为前提。他在《巴黎手稿》中说："忧心忡忡的、贫穷的人对最美丽的景色都没有什么感觉。"[1]穷人对美景有没有感觉当然还可以讨论，但生存是审美的前提毋庸置疑，艺术生产归根到底是受着物质生产方式制约的。后来，恩格斯《在马克思墓前的讲话》中提到马克思的贡献时说："人们首先必须吃、喝、住、穿，然后才能从事政治、科学、艺术、宗教等等。"[2]这与马克思早年在《巴黎手稿》中的话是前后呼应的。

马克思关于人与自然关系的解释，对我们富有启发性。他把人和自然视为一种对象性的劳动关系，用劳动实践的观点来解释人的产生和形成，解释自然和社会的历史，解释美的创造和美的规律。劳动实践观说到底是一种社会历史观，是从社会历史的角度解释审美的起源和发展问题。这种历史意识和历史视角，体现了历史与哲学的统一，要求历史地、在同历史的一定联系中处理材料。

马克思正是通过实践活动（劳动）来解释社会历史的发展动

---

〔1〕 马克思. 1844 年经济学哲学手稿. 人民出版社，2000. 87.

〔2〕 马克思恩格斯全集：第 19 卷. 人民出版社，1963. 374.

力的，强调了人的社会性特点，并把审美问题放到社会发展的历程中去思考。马克思同时将自然万物与人的关系分为物质关系和精神关系，把自然万物也作为艺术的对象和精神食粮。他还特别强调了精神生产和精神劳动。"宗教、家庭、国家、法、道德、科学、艺术等等，都不过是生产的一些特殊的方式，并且受生产的普遍规律的支配。"〔1〕马克思把人满足社会性生产与动物满足直接肉体需要的生产区别开来，他说："动物只生产它自己或它的幼仔所直接需要的东西；动物的生产是片面的，而人的生产是全面的；动物只是在直接的肉体需要的支配下生产，而人甚至不受肉体需要的影响也进行生产，并且只有不受这种需要的影响才进行真正的生产。"〔2〕动物以活动为物质生存的直接手段，人则以活动为目的，既创造了赖以生存的生产资料和精神产品，又创造了人本身，丰富了感性，丰富了感觉，并且以生产来满足人的精神需要。而这首先是一种感性的自然："思维本身的要素，思想的生命表现的要素，即语言，是感性的自然界。"〔3〕因此，他以实践观为立论基础，强调人的感性的能动性，区别了动物的生产与人的生产的关系，将精神生产中的艺术生产看成是按照美的规律来创造的特殊生产方式。

马克思还强调感官和人的活动的社会性，认为感官是历史的产物。他在《巴黎手稿》中说："对于没有音乐感的耳朵来说，最美的音乐毫无意义。""只是由于人的本质客观地展开的丰富性，主体的、人的感性的丰富性，如有音乐感的耳朵、能感受形式美的眼睛，总之，那些能成为人的享受的感觉，即确证自己是人的本质力

---

〔1〕 马克思. 1844年经济学哲学手稿. 人民出版社，2000. 82.

〔2〕 同〔1〕. 57－58.

〔3〕 同〔1〕. 90.

量的感觉，才一部分发展起来，一部分产生出来。"[1]确定音乐感等审美感受能力是人的本质力量的确证，是艺术和美存在的条件。恩格斯《自然辩证法》中也说："鹰比人看得远得多，但是人的眼睛识别东西远胜于鹰。"[2]其中虽然有识别的精细等自然能力的差异，而人的眼睛则更具有社会形态。人的社会性的特定素质，也是审美享受的前提基础。

与此相关的，便是人的内在尺度（即人的主体尺度）在对象中的运用。所谓任何物种的尺度，即对象的规律性，与人的内在固有尺度的统一，即合规律性与合目的性的统一，必然与自由的统一，就是马克思的"美的规律"："动物只是按照它所属的那个种的尺度和需要来构造，而人懂得按照任何一个种的尺度来进行生产，并且懂得处处都把内在的尺度运用于对象；因此，人也按照美的规律来构造。"[3]美的规律是相对于人类社会而言的，动物无所谓美、丑，美的规律同时适用于物质生产和精神生产。因此，他以生产劳动的实践为前提，将人的有意识的活动与动物的活动区别开来，而审美活动正是人的社会性活动。

在《巴黎手稿》中，马克思从哲学本体论的立场确立了人的对象性的、社会的、感性的原则，美的规律说到底是一种对象化劳动的规律。美是人的本质力量的对象化，美依赖于人类实践。未经改造的自然，则因人在想象中和意念中体现着人的本质，通过特定的眼光或思维方式，使其具有象征意义，伴随着情感的创造精神则体现了人的本质力量。因此，马克思所强调的客观性，主要是指感

〔1〕 马克思.1844年经济学哲学手稿.人民出版社，2000.87.
〔2〕 马克思恩格斯选集：第4卷.人民出版社，1997.378.
〔3〕 同〔1〕.58.

性的、现实的、对象化的客观性。

第二节

马克思的实践本体论

马克思的本体论对于美学有着很大的启发性。马克思将自然与主体、物与我统一于实践，将其看成是相互依存的关系，而没有使用主客二元对立的思维模式。他的对象性理论提出人的本质力量对象化，把对象看成人的本质力量的确证，将自我在对象身上获得实现，通过思维和全部感觉在对象世界中肯定自己，人们在欣赏对象的同时也在欣赏自己。在审美关系中，对象的审美价值与主体的美感是互为对象、互为确证的。这就类似于中国传统的天人合一、心物对应、情景交融和物我同一等思想了。

马克思强调人之为人的本质特征是自由自觉的活动，这体现了马克思从费尔巴哈等人那里继承来的人本思想，但又超越了费尔巴哈的唯物论思想。他曾明确反对片面地强调对象和直观地看待对象，反对机械的认识论。20世纪五六十年代我国的那种形而上学的唯物主义，正是马克思所坚决反对的。他在《关于费尔巴哈的提纲》中说："从前的一切唯物主义——包括费尔巴哈的唯物主义——的主要缺点是：对对象、现实、感性，只是从客体的或者直观的形式去理解，而不是把它们当作人的感性活动，当作实践去理解,不是从主体方面去理解。"[1]马克思强调把对象看作感性活动、当作实践去理解,强调人的主观能动性。这对德国古典哲学家的思想既有继承,又有创新。德国古典哲学家们把美看成是人的精神性、社会性的活动,从人的主体能动性方面来考察人与自然的审美关系。马克思则强调人与自然客观存在的前提,重视人的社会意识(即类意识)。

《巴黎手稿》将审美对象和主体的审美能力都看成是劳动实践的历史产物。人与自然的关系是历史地生成的,是劳动实践的产物。劳动实践产生了美的对象和感受美的主体,包括感受音乐的耳朵和感受绘画的眼睛。审美对象是通过生产劳动创造出来的,包括欣赏美的人自身。社会实践创造了对象,也创造了人自身,为审美活动奠定了基础。"人创造环境,同样环境也创造人。"[2]因此,人与对象的审美关系是通过劳动实践构成的。《巴黎手稿》中的"自然的人化"和"人的本质力量对象化"是马克思实践美学的重要命题,涉及对象和主体及其关系,两者为我们理解美的起源与产生提供了思路。他强调五官感觉是世界历史的成果,是由社会实践所产生的,强调实践所造就的主体在审美中的重要意义。

审美活动自身是一种实践活动。人与自然的分化与亲和,都以实践为中介。马克思强调了人与自然界相分离的重要性,把自由的有意识的活动看成是人的类特性,但人还是社会性的人,人是在社会性的生产劳动中历史地生成的,也是审美地生成的,而审美

---

〔1〕 马克思恩格斯选集:第1卷.人民出版社,1997.58.

〔2〕 马克思,恩格斯.德意志意识形态.人民出版社,1961.33.

活动就是在其中生成的感性的活动。对象对于人的意义以人的“感觉所及的程度为限”[1],突出强调了人的对象化活动,即人不仅作为感性的存在,而且还作为感性活动的存在,从而强调了人的感性的对象性的自由自觉的活动。社会现实的存在是一种对象性关系的存在。人是对象性的存在物,感性的、对象性的活动是马克思主义本体论的根基,也是实践美学的根基。

在审美活动中,主体与对象是互相造就的,审美主体是在劳动中生成的。马克思在《资本论》中说:“劳动首先是人和自然之间的过程,是人以自身的活动来中介、调整和控制人和自然之间的物质变换的过程。……当他通过这种运动作用于他身外的自然并改变自然时,也就同时改变他自身的自然。”[2]恩格斯在《劳动在从猿到人转变过程中的作用》中强调“劳动创造了人本身”[3],将人与自然区别了开来。人的全部感觉包括审美感觉,是长期实践的产物。人包括人的眼睛等五官感觉是在劳动中诞生的,对象提升了人的五官感觉,感觉又进一步创造出提升感觉的对象。“不仅五官感觉,而且连所谓精神感觉、实践感觉(意志、爱等等),一句话,人的感觉、感觉的人性,都是由于它的对象的存在,由于人化的自然界,才产生出来的。”“五官感觉的形成是迄今为止全部世界历史的产物。”[4]对象造就主体,而对象对造就的主体具有意义,“只有音乐才激起人的音乐感;对于没有音乐感的耳朵来说,最美

〔1〕 马克思.1844年经济学哲学手稿.人民出版社,2000.87.
〔2〕 马克思恩格斯选集:第2卷.人民出版社,1997.177.
〔3〕 恩格斯.自然辩证法.人民出版社,1971.149.
〔4〕 同〔1〕.

的音乐毫无意义，不是对象”[1]，实践所造就的主体在审美活动中有着重要意义。这就不同于一般反映论的观点。

第三节

《巴黎手稿》中的美学命题

《巴黎手稿》是在讨论私有制和异化劳动问题时涉及审美问题的。基于当时的社会现实，马克思从哲学本体论的角度提出异化劳动范畴，并从人的本质角度加以阐释。通过对异化劳动的分析，马克思提出了“人的本质力量对象化”的实践观，这成了实践美学观的重要依据。他认为在当时的资本主义社会里，一般工人个体自我的本质力量无法实现，人与自己的类本质(即社会本质)之间表现为一种异化关系。异化包括人的本质的异化、人与人关系的异化、劳动者对劳动产品的异化、劳动行为的异化等。他从费尔巴哈对宗教异化的批判转向对社会现实中异化的批判。

马克思的目的在于强调人的感觉的解放，扬弃异化，追求全人类生活的高度自由，把整个社会看成审美活动的对象，所以他在《巴黎手稿》中以经济学的观点谈异化劳动，要求克服异化，恢复人的社会性本质，以使人获得自由创造的条件。他把自由自觉的劳动看成人及其审美活动的本质特征，使人与自然高度和谐。这种理想是诗性的，而不是现实的。

---

〔1〕 马克思.1844年经济学哲学手稿.人民出版社，2000.87.

异化劳动本身不是美的，但异化劳动的具体行为并非不能创造美。异化劳动毕竟也是不同于动物的人类活动，毕竟也是一种对象化的劳动，人类自身是劳动造就起来的，也包括异化劳动。马克思自己也说："劳动生产了美，但是使工人变成畸形。"[1]异化劳动尽管是不自由的，而劳动者包括艺术家出于谋生的需要，在奴役下从事劳动，就要创造出符合社会要求，包括审美要求的产品和作品，以满足社会的需要。产品的使用价值，广义地也包括精神价值，尤其是审美价值，使用价值与审美价值通常并不矛盾。异化劳动同样造就了精湛的艺术品，只是劳动者自己不能享受而已。因此，尽管异化劳动给工人带来赤贫，使其身体变形、丑陋，但毕竟创造了"美"。

在几千年的文明史中，异化劳动占有主导地位，推动人类文明不断向前发展，尤其是促进着文化和艺术的向前发展。人们大都面临着自然和阶级的压力，在异化劳动中进行创造。因此，异化劳动中依然有审美的创造，艺术家依然有审美和创造美的快乐，尽管他们的现实生活可能是辛酸的，而且不能享受自己的劳动成果。同时，异化也还有个程度问题。在适度的范围内，异化劳动依然可以创造美的产品。可见，在异化劳动中，被压迫、被剥削的劳动者（包括天才的艺术家）依然可以在一定程度上自由地表达自己的个性和创造精神，在创造过程中享受乐趣，尽管事后可能会感到痛苦。

马克思主张消除异化，这首先是一种社会理想。存在着阶级压迫的异化劳动的社会环境，本身并不具有审美价值。异化劳动

〔1〕 马克思. 1844年经济学哲学手稿. 人民出版社，2000. 54.

者面临着经济和精神上的压力，因而不能自由地获得审美的享受。因此，马克思要求消除异化，使每个人成为美的自由自觉的生产者和消费者，以获得人的全面发展。

第四节 马克思实践美学观的发展

马克思的实践美学观虽然没有对美学学科进行全面、系统而深入的研究，没有一本具有严密的美学体系的美学专书，但他对社会历史问题等方面的外部规律和背景的研究，以及所提出的实践论观点，都极具启发性，对我们的美学研究产生了深刻的影响。尽管在实际的继承和研究中，出现了学者们见仁见智的情形，但这也正表现了马克思相关思想的丰富性和张力。因此，马克思对美学是有贡献的，但这些贡献并不是终极真理，这已经为中国发展了多年的实践美学学派思想的继承、发展和创新所证明。而他所未曾涉及的诸多方面，更需要各家各派的杰出思想家作出新的解释和发现。

马克思是在继承西方学术思想的传统，特别是近代思想家优秀成果的基础上提出自己的看法的。马克思的思想也不是从天上掉下来的，他也是在西方文化的土壤中，在继承西方学术传统的基础上形成的。就《巴黎手稿》而言，明显是在黑格尔、费尔巴哈思想的影响下形成和发展的。因此，它是西方近代思想史上闪光的亮点，说到底，也是不同于我们东方传统思想的西方思想。

马克思的思想无疑也要受到当时的科技水平和认识能力的局限。他关于社会关系的结论是通过对市民社会的分析得出的，随着社会的发展，许多社会关系和现象也会向前发展。他虽然强调了人在活动中社会意识与自我意识的统一，但对后来心理学家所研究的心理层面的问题，乃至潜意识和无意识等问题，则未能给予关注。

马克思的实践美学观在西方马克思主义者那里得到了推动和发展，如审美的历史生产为匈牙利的卢卡契所发展。卢卡契 1930 年在莫斯科读到了《巴黎手稿》，此后他的思想便深受《巴黎手稿》的影响，并对其异化概念等作了继承和发展。而 1933 年首次将《巴黎手稿》译成法文的列斐伏尔，也继承了马克思的观点，要求消除异化，以造就全面发展的人为目标。他试图以《巴黎手稿》为美学理论基础，建构他的实践人类学和人本主义美学体系。

马克思的美学思想在中国得到了发展，李泽厚在历史的社会实践的基础上提出了他的“积淀说”；朱光潜通过社会实践特别是马克思所涉及的心灵实践和艺术实践等范畴（强调实践包括艺术实践和审美实践，虽然屡遭来自“左”的方面的批评，却恰恰是符合马克思的本义的），让他所强调的主观因素在当时的语境和历史背景下变得可以言说，同时也使他的思想确实得到了一定的发展和补充；蒋孔阳将实践美学发展为实践创造论美学；朱立元将实践美学发展为实践存在论美学；等等。

《巴黎手稿》在中国 20 世纪 80 年代的研究，一方面受到了反映论教条主义者们的尖锐批评，认为它不符合我们后来所认同的马克思主义的思想——实际上是苏联人的那种僵化的、形而上学的马克思主义思想。而当下一些激进的西方学术新潮崇拜者对此加以肆意贬斥、丑化，全盘否定，也是不可取的。有些学者对长期戕害中国社会的极左思潮深恶痛绝，对被利用、歪曲和教条化的马克思主义深为不满，心情可以理解，但谈“马”色变，对马克思本人的一切思想都有抵触情绪和逆反心理，则未免不够理智。

另一方面，有些学者把马克思神化，将马克思的思想视为一种超越理性的信仰，认为马克思的学术思想中已经有一个精湛、完美的美学体系，是千秋不变的终极真理，不可讨论，不可发展，因而用实践论思想解释美学整个领域里的一切问题，这无疑是机械的、僵化的、不现实的。因此，我们应该正视马克思实践美学观的价值和贡献，理智地对其加以继承和发展。

马克思的实践论观点主要是社会学的方法和观点，对我们有深刻的启示，但它并不排斥从其他一切角度对美学进行深入、细致的研究，特别是对审美问题自身的内部研究。同样，其他角度的研究及其成就，也不能否认实践美学在特定角度、特定方法上的成就与贡献。人类历史上一切伟大的思想家都是有其突出成就的，都对我们有不同程度的启发，马克思自然也在其列。而马克思主义的发展观同时表明，马克思本人的一切思想并非都是终极真理，并非解决了一切学术问题。对马克思主义的实践观，我们既不能以宗教式的信仰代替理性的分析与接受，也不能以追求时尚的心态斥以“过时”。

实际上，马克思作为一个活生生的人，作为一个思想家和学者，既有其伟大、精辟的思想，也有其囿于时代和个人的局限，我们应该接受的是其精华。对马克思的思想，也不能简单地由其早期、中期、晚期来划分对错，而应该作客观的评价，并放在我们当下的社会背景和学术背景中加以引用。

第五章

《巴黎手稿》与实践美学

实践美学是马克思主义美学,其建立的理论基础是《巴黎手稿》、《德意志意识形态》、《神圣家族》等马克思、恩格斯的早期著作,也包括部分西方哲学美学,尤其是现代西方哲学美学的合理成分。在这些理论资源中,《巴黎手稿》的对象化理论、两个尺度理论以及自然人化理论是实践美学理论来源的核心命题。把握住这些核心命题的内涵及其与实践美学的关系,就可以抓住实践美学的根本。同时,这几个理论范畴并不是截然分开、各自独立的,而是紧密结合、互相关联的,对其中每一个问题的讨论都要牵涉其他方面,对实践美学的是非功过、理论得失的评价也要从这里开始。

第一节

人的本质力量的对象化

马克思在《巴黎手稿》中论述异化劳动的时候阐述了他的对象化理论,实践美学借助这个理论,提出了"美是人的本质力量的对象化"的观点。蒋孔阳说:"美离不开人,是人创造了美,是人的本质决定了美的本质。人总是通过自己的实践活动,来把自己的本质力量在客观现实中实现出来,使现实'成为人自己本质力量的现实,一切对象对他说来成为他自身的对象化'。正是在这个意义上,我们说:美是人的本质力量的对象化。"[1]要阐述这两个

〔1〕 蒋孔阳. 蒋孔阳全集:第3卷. 安徽教育出版社,1999. 175－176.

对象化理论之间的关系，还得从《巴黎手稿》开始。

在人的本质力量对象化问题上，马克思主要吸收了席勒、黑格尔和费尔巴哈三人的对象化理论。这些正是马克思对象化理论的来源。但是，无论是黑格尔还是费尔巴哈，马克思都是既有继承又有批判。马克思把批判改造过的黑格尔的辩证的历史观点，用来批判改造费尔巴哈的直观的唯物主义观点，然后建立了自己的以人类劳动实践为中介的关于人的本质力量对象化的理论。

马克思通过对国民经济学的批判发现了劳动着的人的巨大价值，论证了人在劳动中把自己的本质力量对象化到客观世界中去，对象世界处处留下了人的印记，生成和发展了人本身。在《巴黎手稿》中，马克思对对象化理论的论述“是从国民经济学的各个前提出发的”[1]。因此，其探讨就把私有财产，把劳动、资本、土地的互相分离，工资、资本利润、地租的相互分离以及分工、竞争、交换价值概念等当作前提。正是从这些经济事实出发，马克思发现，工人在他劳动的对象化过程中，他和他的产品之间处于“异化”的状态。也就是说，在劳动过程中，劳动对于工人来说是外在化的东西，劳动并不是工人作为人的本质属性，因为工人是被强迫地劳动，劳动仅仅是工人满足自身延续的手段，还不是工人自觉的需求，他的本质力量因此就不属于他本人，而是属于别人和他的劳动产品，正是在这样的劳动下工人反而丧失了自身。所以马克思说：“他在自己的劳动中不是肯定自己，而是否定自己，不是感到幸福，而是感到不幸，不是自由地发挥自己的体力和智力，而是使自

[1] 马克思.1844年经济学哲学手稿.人民出版社，2000.50.

己的肉体受折磨、精神遭摧残。”[1]正是在这种情况下，工人只有在不劳动时才会感到舒畅，才是一种自由的存在。另外，工人的劳动产品与他自身也是一种异己的关系，他生产的产品和财富越多，他得到的就越少，他自己就越贫穷，以至于工人的现实化劳动就表现为非现实化，工人沦落到饿死的地步。所以，“工人对自己的劳动的产品的关系就是对一个异己的对象的关系”[2]。由此，这种异化劳动必然会导致：第一，在这种异化劳动的状态下，无论是自然界还是人的精神世界都会同人的本质力量相异化；第二，人同自然界和人自身精神世界异化的必然结果是导致人与人之间关系的异化。

从这两个层面上来看，实践美学说“美是人的本质力量的对象化”就必须对马克思的对象化理论进行改造和限定。也就是说，实践美学的上述定义要有一个适用域。在实践美学看来，人在意识到自己的生命活动可以变成自己意识和意志的对象的时候才可以适用。脱离了这个适用域，把美看作是人的本质力量的对象化是不切合实际的。因此，在实践美学内部就存在两种不同的意见，一种以蒋孔阳为代表，认为异化劳动可以产生美，一种以朱光潜、李泽厚为代表，认为异化劳动不可以产生美。在蒋孔阳看来，异化劳动虽然是异化了的劳动，但仍然是人类的劳动，从人类社会发展的历史来看，异化劳动对于美的创造也提供了一些积极条件，而且与自由劳动往往是交错在一起的；即使是异化劳动本身，在某种意义上也还是人的本质力量的体现，其劳动产品也可以表现为

---

〔1〕 马克思.1844年经济学哲学手稿.人民出版社，2000.54.
〔2〕 同〔1〕.52.

美。所以蒋孔阳说:"马克思所说的'异化',指的是劳动的异化,是人的自由劳动转化成动物式的异化劳动。"〔1〕这就是说,即使在异化劳动中创造出来的美也是实存的、具体的,并不仅仅是对过去的一种感伤的回忆。但是,在李泽厚看来,在阶级社会里,劳动成果被剥削,劳动本身也被歪曲为敌对的与自己疏远化的活动,因此,作为肯定劳动实践的现实,作为劳动活动对象化的自由形式,作为劳动实践的历史成果,对社会普遍地必然地具有娱乐观赏关系的大自然的形式美,对劳动者就是异己的,与自己没有关系的,也就不能成为美。在这一点上,朱光潜和蔡仪与李泽厚的观点是一致的,都认为异化劳动不能创造美。

另外,马克思的对象化理论更多地借用了费尔巴哈在探讨宗教问题时所使用的"异化"概念。马克思正是用费尔巴哈批判宗教的异化本质的武器来解释异化劳动对人的本质的剥夺。在费尔巴哈看来,宗教是人的本质的异化,上帝越富有,人就必须越贫穷,上帝成了一切,人就必须什么也不是。在唯心主义哲学,尤其是在黑格尔的逻辑学中,主体的思维都已经被窃走,人的本质和活动在这里就被异化,从而丧失了自身。但是,从辩证法的角度来看,凡事皆有两面,工人的异化劳动在一定程度上也可以产生美,只是这种美需要经过时间和历史的尺度进行观照才可以产生,处于当时境地的工人并不能感受到他所创造的劳动产品就是美,他对自己的劳动产品反而会产生憎恨的情绪,而不是审美的欣赏。所以说工人的对象化劳动产生了美就要进行历史的沉淀。这是从工人个体的角度来看的。但是如果换一个角度,从人类整体,也就是马克

〔1〕 蒋孔阳.蒋孔阳全集:第3卷.安徽教育出版社,1999.231.

思说的“类”的观念来看,人类的实践活动改造了无机界,证明了自己的存在,个体的主观感受让位于群体的集体创造,那么实践劳动就是美的直接根源,虽然在此过程中也产生了与此相反的丑。所以,实践美学的概念的适用域只有界定在这样一个范围之内,它的意义才是正确的。事实证明,实践美学的实践主体也正是人类整体。但这是否说明实践美学的对象化理论就忽视了个体实践的重要性了呢? 其实不然。马克思说:“自我异化的扬弃同自我异化走的是一条道路。”[1]也就是说,人离开自我异化走向人性复归同产生自我异化的道路是等同的,都要通过劳动实践来实现。实践美学在考察审美个体获得审美自由的途径时,也正是强调了实践对于解放自我人性的重要性;也只有在实践活动中,个体自我人性和本质力量才能通过实践成果得到确认,个体也因而获得了审美的自由。所以马克思说:“随着对象性的现实在社会中对人来说到处成为人的本质力量的现实,成为人的现实,因而成为人自己的本质力量的现实,一切对象对他来说也就成为他自身的对象化,成为确证和实现他的个性的对象,成为他的对象,这就是说,对象成为他自身。”[2]

因此,对于异化劳动与美的创造关系的认识要放在一个确定的历史语境中理解,也要区分美的欣赏者和创造者之间的关系。离开了这个界定,对于异化劳动和美的关系的认识就会存在分歧。

与异化劳动造成的人与自然、人与人、人与自身之间因疏离而消解了人的审美可能性不同,人的自由自觉的劳动也是人的类特

---

〔1〕 马克思.1844 年经济学哲学手稿.人民出版社,2000.78.

〔2〕 同〔1〕.86.

性，是人的本质力量对象化。在这个层面上，个体可以在对象中发现自身，形成上述三种关系的良性互动：第一，在人与自然的互动关系中，自然人化了，人也自然化了，自然成了人的对象，人的生存状态也在向自然复归，人与自然是不可分离的。这就为人对自然进行审美观照提供了可能。第二，自由自觉的劳动可以改变异化劳动状态下人与人之间的物化关系，兄弟情谊放射出人类崇高的精神之光，异性之间也是人与人之间最自然的关系。这是用爱交换爱、用信任交换信任的关系，也是人与人之间的审美关系的前提。第三，在自由自觉的劳动状态下，劳动可以改变人的劳动与享受分离、体力与脑力分离、人性与物性分离的状态，劳动才可以成为肯定和确证人的本质力量的方式，人才是真正的人，人性的完满和谐也才可以达到自由境界。

所以，实践美学的对象化理论是建立在自由自觉的劳动实践基础之上的。李泽厚在引述《巴黎手稿》研究美的起源问题的时候，研究了劳动与美之间的关系，认为自然人化是实践劳动对自然改造的结果，正是人在精神上肯定了自己的劳动成果，人对自然的审美关系才得以建立。刘纲纪也认为人的实践劳动是客观必然性与人的自由的统一，正是在这个统一中，人确立了自己与周围世界的审美关系，从而获得了自由的精神愉悦。周来祥在论述审美关系理论的时候就以马克思“对象如何对他来说成为他的对象，这取决于对象的性质以及与之相适应的本质力量的性质”[1]等言论为基础，认为审美关系是在实践活动中确立的主体与客体的关系，并把马克思的对象化理论和朱光潜的精神生产理论相结合，创立

〔1〕 马克思. 1844 年经济学哲学手稿. 人民出版社，2000. 86.

了“美在关系”的实践美学理论。蒋孔阳直接提出“美是人的本质力量的对象化”的概念，认为人的本质力量的对象化不仅在自由的实践活动中，还包括艺术、非艺术的其他各类活动，在这些活动中，人直观到自身，就产生了美与审美。蒋孔阳说：“我们说美是人的本质力量的对象化，就是说，人在审美活动的时候，把自己的本质力量，全面地在对象当中展现出来。”[1]

与李泽厚后来放弃了“人的本质力量的对象化”的说法不同，蒋孔阳一直是这一理论的实践者，他从人的本质力量、对象化和自然的人化三个方面全面论述了“美是人的本质力量的对象化”的命题。

先看蒋孔阳对人的本质力量的认识。蒋孔阳认为，人的本质力量可以分为自然的本质力量和精神的本质力量。首先，人作为自然存在物，他的本质力量首先是他的自然力和生命力，他的自然禀赋和能力以及他的情欲和需要。其次，人之所以为人，主要在于他能不断超越自然、动物，超越人自己，也就是从动物的生活上升到人的社会的生活，又从社会的生活上升到理想的自由的生活，能够具有强烈的自我意识和精神力量，从而建立一个主体世界。因此，“人的本质力量不是单一的，而是一个多元的、多层次的复合结构”[2]，正因为这一点，人的本质力量才不是固定不变的，而是万古常新、永远在创造之中的。无论是人的自然属性还是精神属性，都在社会历史的实践过程中，经过交错复杂的关系，共同构成了人的本质。同时，人的本质力量与人的有机生命整体相联系，因

〔1〕 蒋孔阳.蒋孔阳全集：第3卷.安徽教育出版社，1999.188.
〔2〕 同〔1〕.185.

此，人的本质力量不是抽象的概念，而是生生不已的活泼泼的生命力量，只有这样的本质力量才能对象化为充满生命活力的美的形象。此外，每一个具有自我意识的人都有自己的本质力量，都力求通过实践活动把自己的本质力量最充分最彻底地表现出来。因此，每个人都按照自己的本质力量表现自己，塑造自己的美的形象。正是这些原因造成了对象化极其复杂的过程，人的实践活动、艺术创作和形象化的全部问题都包括在里面。

再看蒋孔阳对对象化的认识。蒋孔阳是从四个方面阐述他的对象化理论的。第一，所谓对象化，首先要有对象，所谓有对象就是说要有对象的意识，因为对象是意识到的对象。动物就不能把自己和自然界分开，它就没有对象意识；而人通过劳动，可以意识到自己同自然界的差别，也就可以把自然作为自己的对象，在对象中实现自己的目的。第二，对象化要建立在人与自然的关系上，应该在人与自然的基础上，根据社会的要求达到价值和规范的最高水平。也就是说，这种对象化不是单一的、形而上的，而是人的自然物质的、精神文明的以及社会历史的各方面的本质力量的完全统一。它不是固定不变的，而是在社会生活实践中不断创造和发展的，具体地物化在现实生活之中。第三，对象化是通过理论的和实践的两种方式来进行的。所谓理论的方式就是在“精神上”把自己划分为二，实践的方式就是“在实践中、在现实中”把自己划分为二，也就说人的本质力量要结合客观现实的物质材料来进行，既是主体的人的生活、行动和创造，也是具体的物质世界与人的行动相结合所创造出来的产品。在这个产品中，人见到了他自己。所以实践方式的对象化事实上就是形象化。第四，对象化不是单向的，而是双向的，不仅是人的本质力量对象化到对象中去，通过形象显现出来,而且对象的性质和特征也制约着人的本质力量的显现。因此,蒋孔阳说:“美之所以是人的本质力量的对象化,归根到底,是因为人的本质力量经过对象化之后,变成了形象。形象是人与自然的统一,是人的本质力量与对象的统一。”[1]

由此可见,蒋孔阳的“美是人的本质力量的对象化”的定义是一个内涵确定的定义,既解决了美的根源问题,也解决了美的本质问题。

后实践美学以新兴的生命美学、存在论美学、超越美学等理论来非难实践美学的理性主义倾向和主客二分的思维模式,把审美本体化,凸显非理性、精神性和超越性在审美活动中的地位,把无意识、直觉等因素作为个体生存自由的工具。这在一定程度上忽略了实践美学和马克思对象化理论之间的关系,也忽略了马克思和实践美学对象化理论的本质。实践美学从“人类社会生活的本质是实践的”这一根本观点出发,探讨人与自然、人与人、人与自身之间的对象性关系在实践活动中的形成过程,以及主体与客体对象之间的确立审美关系的联系条件,既突出了主体的主导地位,又全面考虑了客体的作用,既坚持了主客体的区别,又统一了主客体的联系,审美生成的各种要素在对象化理论中都被关注和考虑。因此,实践美学作为比较完善的美学流派,与对象化理论是分不开的。

---

〔1〕 蒋孔阳.蒋孔阳全集:第3卷.安徽教育出版社,1999.203.

第二节

自然的人化

马克思在《巴黎手稿》中提出了“自然人化”的观点。这一观点由李泽厚加以演绎发挥，成为实践美学，尤其是李泽厚美学体系的一个基本理论支点，其他各家也对这一理论给予了足够的重视。实践美学的代表人物对于自然人化理论的理解并没有趋于统一，而是趋于多元，朱光潜、李泽厚、蒋孔阳等人的自然人化理论就不尽相同，正好构成了互补互动、具有巨大阐释张力的自然人化理论。

在《巴黎手稿》中，马克思认为，人和动物都必须依赖自然界而生存，相对于动物来说，人所具有的普遍性越广泛，人对自然界依赖的程度就越高。可以说，人、动物和自然界是三位一体的，不能截然分开的。人类随着实践活动技能的提高和实践范围的扩大而形成人类社会，自然界成为人类实践的对象，这时候，自然界变成了人化自然，但并不意味着自然和社会是分离的，自然和人类社会仍然是统一的，人类社会对自然的依赖性并没有消除，人类社会仍然是自然的一部分。所以马克思在《巴黎手稿》中说：“只有在社会中，人的自然的存在对他来说才是自己的人的存在，并且自然界对他来说才成为人。因此，社会是人同自然界的完成了的本质的统一，是自然界的真正复活，是人的实现了的自然主义和自然界的实现了的人道主义。"[1]

随着近现代数次科技革命的发展,人类对自然界的改造体现出前所未有的力度,人类中心主义思想极度膨胀。这乃是对科技的误用。恩格斯早就指出,人在征服自然的过程中,如果不服从自然规律,滥用科技,必然会遭到自然的报复,从而影响到自身。恩格斯说:"我们统治自然界,决不像征服者统治异族人那样,决不是像站在自然界之外的人似的,——相反地,我们连同我们的肉、血和头脑都是属于自然界和存在于自然之中的;我们对自然界的全部统治力量,就在于我们比其他一切生物强,能够认识和正确运用自然规律。"[2]所以,马克思和恩格斯强调人与自然的一体化,人类活动的范围和程度必须与自然界可能承受的限度相适应。任何违反自然规律的人类劳动都会受到自然的惩罚。所以,马克思引用比·特雷莫《人类与其他生物的起源和变异》中的话说:"不以伟大的自然规律为依据的人类计划,只会带来灾难。"[3]马克思又在1868年7月11日致路·库格曼的信中说:"自然规律是根本不能取消的。在不同历史阶段下能够发生改变的,只是这些规律借以实现的形式。"[4]可以说,在自然人化和人的自然化的双向过程中,人类都要保持对自然的敬畏和尊敬。这是马克思在探讨人与自然关系时十分注意的一个问题,因为"人是自然界的一部分"。

〔1〕 马克思.1844年经济学哲学手稿.人民出版社,2000.83.

〔2〕 马克思恩格斯选集:第4卷.人民出版社,1997.383－384.

〔3〕 北京大学科学和社会研究中心.马克思恩格斯论"人与自然".自然辩证法,12(6).

〔4〕 同〔3〕.

在人类与自然关系的双向互动的历史过程中，人类对实践工具的设计、使用和更新，都要以显示人类活动与自然规律的一致为标准。这是人类的目的性和自然规律的客观性相一致的历史。人在使自然从自在自然转变为属人自然的过程中也人化自身，也就是使自然的人变成了社会的人。随着历史的前进，人日渐丰富着自然，自然也日渐丰富着人。在马克思看来，自然人化是沿着两个方向进行的，一方面是人所生活的外部自然界的人化，另一方面是人的自然躯体、感官、欲望等的人化。前者表现为人类活动的物质成果，后者表现为人类活动的精神成果。因此，自然界不仅为人类提供肉体所必需的生活资料，"人靠自然界生活"〔1〕，人的精神也与自然界联系，是自然界的一部分。人的确证自己本质力量的感觉，包括五官感觉、精神感觉和实践感觉，都是由于自然对象的存在，由于人化的自然才产生出来的。在自然人化的过程中，自然界不仅是人类实践活动的对象，也是人类精神活动的对象，时时为人类精神生活提供食粮。自然界的丰富形态与人类内在的生命节奏和情感韵律协调共鸣，灌溉滋养了人类心灵。作为人类审美对象的自然界，其生生不息的生命律动给人类心灵带来归属感和精神自由。所以马克思说："植物、动物、石头、空气、光等等，一方面作为自然科学的对象，一方面作为艺术的对象，都是人的意识的一部分，是人类精神的无机界，是人必须事先进行加工以便享用和消化的精神食粮。"〔2〕

可见，在马克思看来，自然人化有两方面的含义：第一，人对

〔1〕 马克思. 1844 年经济学哲学手稿. 人民出版社，2000. 56.

〔2〕 同〔1〕.

自然界进行改造加工,自然界进入人类的生活,人与自然是高度融合的关系;第二,与此同时,在艺术和审美领域,人们认识和利用自然物的属性之后,自然可以成为人类艺术和审美的表现材料,从而创造出艺术产品,成为审美的对象。实践活动把这两方面联系起来,使之成为互相连结的整体。正是在这个双向互动的过程中,自然人化在物质生产和精神生产两个方面延伸和拓展。从历史纬度来看,人类童年时期的生产是物质生产和精神生产的统一体。随着人类生产工具和生产能力的发展,这两类生产逐渐分化,形成相对独立的体系。在物质生产层面上,自然人化建构起物质性的动态结构,即以实践主体使用物质生产工具的活动为中介,其物质产品是外化方面,主体生理结构的变化是内化方面。正是在此基础上,独立、高级的精神生产成长起来,形成了自己的特点:精神生产既以物质生产为对象,又具有自己的创造性,它借助语言系统和表象系统组成的符号系统把精神生产的成果物态化、客体化,自然的人化在精神层面上积淀成人类深层的文化心理结构。实践美学各代表人物正是按照《巴黎手稿》中自然人化观点的这两个方面各自发挥出自己的美学体系的。

在美学大讨论时期,关于自然的人化和自然美的问题成为各家美学论争的核心问题,各家美学观点在这个问题上都会体现出来。蒋孔阳曾指出,自然美的性质"成为争论的症结和关键"。李泽厚在《美学四讲》里说:"就美的本质来说,自然美是美学的难题。"[1]这是因为自然界在满足人类的生存需要之后才能成为人们的审美对象,这一过程同人与自然关系发展的历史紧密相关。

〔1〕 李泽厚. 美学四讲. 北京三联书店,1989. 87.

一方面,自然成为审美对象要在自然界与人类生活各方面发生联系之后才成为可能;另一方面,社会情感和精神需要是自然成为审美对象的重要原因。对这两方面内容的考察都牵涉许多问题,尤其是人的主观情感在自然美问题上的莫衷一是使这一问题变得不好解决。比如王昌龄《闺怨》诗中说:"闺中少妇不知愁,春日凝妆上翠楼。忽见陌头杨柳色,悔教夫婿觅封侯。"在这首诗里,本无愁绪的少年妇人,看到窗外杨柳,顿起思念后悔情绪,这两者之间本无必然联系,也不是用劳动实践可以解释的问题。但是,青青杨柳却是少妇的审美对象。这种刹那的直观和主观情感的投射是少妇精神需要的产物。因此,可以说,关于自然人化或自然美的问题是实践美学的核心问题之一。

在自然人化的问题上,实践美学流派各代表人物的观点并不是统一的,而是按照《巴黎手稿》中所论述的不同路向各自展开的,其基本指向都与《巴黎手稿》有关。无论他们对自然人化的理解有何不同,都与上文所述的《巴黎手稿》中自然人化的两方面内容是一致的。实践美学的代表人物之中,朱光潜、李泽厚和蒋孔阳的观点最具有代表性。

先看朱光潜的观点。朱光潜在谈论自然人化之前,先对"自然"这个概念的内涵作了界定。他的界定与马克思在评论希腊神话时对自然的看法一致,把自然当做人的认识和实践的对象,即全体现实世界,就是广义的自然,也就是他所说的"物甲"。一方面,任何自然状态的东西都还没有美学的意义,那种只引起生理快感的自然也不纯是美学意义的,自然美还要引起意识形态方面的共鸣。也就是说,客观自然对象必定有某种属性投合了主观方面的意识形态的总合。这两方面霎时契合,结成一体,自然对象才成为审美的具体形象("物乙")。另一方面,朱光潜认为,自然美的观念在历史发展上是迟于艺术美的,人们对自然的审美一定程度上都受到了艺术美的影响。中国士大夫对自然的爱好受到了东晋以来的诗和画的影响,西方崇拜自然的审美风尚也受到了18、19世纪之交的浪漫主义诗歌的影响。但是,无论是自然美还是艺术美,它们都是意识形态性的,都是某一社会某一历史阶段的客观存在。人对自然的美感随着生产方式和意识形态的更替而发生相应的改变,自然美是意识形态的表现,在这个意义上,"一般所谓'社会美'还是可以当作自然美看待"[1]。另外,在自然美和艺术美孰高孰低的问题上,历来存在两种相反的观点,一种观点认为自然美高于艺术美,如车尔尼雪夫斯基的观点;一种观点认为艺术美高于自然美,如黑格尔的观点。朱光潜认为,这两种观点都缺乏分析。自然美和艺术美两个概念的关系不是价值高低的关系,而是本质异同的关系。就美学意义的美来看,自然美只是起始阶段的艺术美,艺术美当然比自然美高一些;但是,最伟大的艺术家和诗人也会苦恼自己的作品不能完全地表达出自己所见的自然形象,特别是关于"崇高"方面的形象。所以,对于这个问题要辩证地看,不能机械地得出孰高孰低的结论。

可见,朱光潜对于自然美的看法是他美学观念的反映,与他的"物甲""物乙"说、意趣论等观点紧密相连。可以说,朱光潜的自然人化的观点发展了《巴黎手稿》中自然人化理论的第二个层面,拓展了《巴黎手稿》中自然人化精神层面的内涵,使之与美学的关系具体化。

---

[1] 朱光潜.朱光潜全集:第5卷.安徽教育出版社,1996.86.

李泽厚是把自然人化和自然美的问题放在有关美的本质和建立心理本体的高度来论述的。他说:“从本书的哲学立场来看,不但自然美的存在是有关美的本质的重要问题,而且自然美的观赏,也是有关消除异化、建立心理本体的重要问题,因此,正是哲学美学所应着重处理的。”[1]关于自然人化,李泽厚在《美学四讲》中说:“在美的探讨中,虽然好些人都讲实践,都讲‘人的本质对象化’,都讲‘自然的人化’,其实大不相同。有的指意识化,讲的是精神活动、艺术实践,有的是指物质化,讲的是物质生产、劳动实践。我讲的‘自然人化’正是后一种,是人类制造和使用工具的劳动生产,即实实在在的改造客观世界的物质活动;我认为这才是美的真正根源。”[2]可见,李泽厚的“自然人化”理论延续了《巴黎手稿》中自然人化理论的第一个层面,并上升到了美的本质和根源的高度。在理解李泽厚对自然美和自然人化的认识的时候,要注意区分两种自然人化,即狭义的自然人化和广义的自然人化。狭义的自然人化是指通过劳动、技术去改造自然事物;广义的自然人化是一个哲学概念,指的是人类征服自然的历史尺度,是整个社会发展到一定阶段,人和自然的关系发生了根本改变的产物。李泽厚在运用自然人化的理论时指的是广义的自然人化,是理解美的广阔的历史视野。但是,这并不是说李泽厚就忽略了狭义的自然人化,在李泽厚看来,狭义的自然人化是广义的自然人化的基础,是人和自然界发生改变的根本原因。同时,李泽厚在《己卯五说》一书中又详细阐述了狭义自然人化和广义自然人化的理论[3]。

---

〔1〕 李泽厚. 美学四讲. 北京三联书店,1989. 87.

〔2〕 同〔1〕. 78.

〔3〕 李泽厚. 历史本体论·己卯五说. 北京三联书店,2006. 241-259.

自然人化有内在、外在两个方面,有“硬件”、“软件”之别。外在自然人化的“硬件”是狭义的自然人化,“软件”是广义的自然人化,即人与自然关系的变迁历程。内在自然人化的“硬件”是人的感官和身体的人化,“软件”是人的内在心理状态的人化,是文化心理结构的形成,其中伦理学是内在自然人化的核心。

与朱光潜把自然美看做是随历史阶段而发生转变的观点一样,李泽厚也认为,作为审美对象的自然有其变迁、发展的过程和历史,是一个由工具本体到心理本体积淀的历史过程。由此,他提出了自然美的“四阶段说”〔1〕: 第一是神话阶段,在这一阶段,自然美展示的是自然与人相敌对、相抗争的世界;第二是寄托幸福生活和长生幻想的阶段,在这一阶段,自然美与人类生活紧密联系,是人类加工和幻想过的自然;第三是本色阶段,在这一阶段,神话和幻想的内容消失,自然成了人类赏心悦目、寄兴移情的对象;第四是现代阶段,在这一阶段,人类征服宇宙、怀抱宇宙的时空感受给自然增加了哲理特征,新的自然形态开始产生。

与此相关的是李泽厚的“人的自然化”〔2〕理论,这是自然人化的另一方面的表现。在李泽厚看来,人的自然化包括了三个层面: 一是人与自然和睦相处的生态关系,自然是人类安居乐业、休养生息的美好环境;二是自然景物是人类欣赏欢愉的对象,人乐于投身大自然;三是人的身心节律与自然节律相吻合,达到“天人合一”的精神状态。这三个层次是人自然化的“硬件”。除此之外,还有人自然化的“软件”,也就是美学“问题”,指的是本已“人

〔1〕 李泽厚. 美学四讲. 北京三联书店,1989. 92.
〔2〕 李译厚. 历史本体论 · 己卯五说. 北京三联书店,2006. 260 – 265.

化”、“社会化”了的人的心理、精神又返回到自然去，以构成人类文化心理结构中的自由享受。

在李泽厚看来，自然的人化是工具本体的成果，人的自然化是情感（心理）本体的建立，也就是从工具本体积淀到心理本体的结果。在自然人化和人自然化的基础上，李泽厚思考的问题是如何使社会生活从形式理性、工具理性的极度演化中脱身出来，使世界不成为机器主宰、支配的世界，如何在工具本体之上生长出情感本体、心理本体，保存价值理性、田园牧歌和人间情味。这也是李泽厚所讲的“天人合一”的独特内涵。这就是儒道互补的中国美学精神。

后来，李泽厚在谈到“人的本质力量对象化”的时候说：“在五六十年代，我曾用过‘人的本质对象化’的提法，但我发现这个提法引起了好些滥用，后来我就只讲‘自然的人化’和‘自由的形式’，不再讲‘人的本质对象化’了。因为我讲的‘人的本质对象化’本是指上述物质性的现实实践活动，主要是劳动生产，可是许多人却由之而把人的意志、情感、思想都说成是‘人的本质力量’。难道人的情感、思想、意志不是人的本质力量吗？于是认为只要人们赋予对象以人的这种‘本质力量’，就是‘人的本质对象化’，就是美了。于是，这也就和朱光潜的说法没有区别了：即人的主观意识、愿望、想象、情感、意志（‘本质力量’）的对象化，来作为象征、符号、艺术作品，亦即主（意识）客观统一，就产生美。这当然不是我所能同意的。”[1]李泽厚反对“人的本质力量对象化”的提法的理由在蒋孔阳那里正好成了他建构自然人化理论的因素。

[1] 李泽厚. 美学四讲. 北京三联书店，1989. 73.

蒋孔阳的自然人化理论与朱光潜和李泽厚的自然人化理论具有不同的内涵,可以说是两者自然人化理论的综合形态,也就是调和了《巴黎手稿》中自然人化理论的两个层面,调和了李泽厚和朱光潜两人的观点,形成了自己的特点。

蒋孔阳将美定义为“人的本质力量的对象化”,他的自然人化的理论也与此相关。在自然人化的过程中,人把自己的本质力量投射于自然,既在物质层面,也在精神层面。这就把“人的本质力量”的范围扩大了。在蒋孔阳看来,自然本身的形态是多种多样的,人的本质力量也是多种形态的,主体的个性、民族的文化传统和心理结构也有很大差异,自然的本质和人的本质也是千差万别的。因此,自然人化的途径和方式也就具有多样性,由此自然美也就体现出多样性,不同的自然对象和主体的不同的心理感受交相融和就产生了情景对应的多样性,就像郭熙《林泉高致·山水训》中说的那样:“春山艳冶而如笑,夏山苍翠而如滴,秋山明净而如妆,冬山惨淡而如睡。”所以蒋孔阳说:“自然还是原来的自然,没有一丝一毫的变化,但却与人相亲相依,我们禁不住把自己的感情倾泻在上面,把自己的感慨寄托在上面。这样的自然,当然也是人化的自然,也是人的审美的对象。”[1]这就解决了自然美的多样性和人的不同的主观情感之间的对应关系的难题,既凸显了自然,又强调了人。蒋孔阳还认为,在审美过程中,人的劳动并不直接改造自然,而是通过自由的想象和幻想,自由地支配和安排自然,使自然从自然的规律中解放出来,变成符合人的主观希望的自由形象。因此,自然的人格化是一种人化,作为审美对象的自然,常常是人

〔1〕 蒋孔阳.蒋孔阳全集:第3卷.安徽教育出版社,1999.190-191.

格化了的自然。所以，自然的人化并不一定要对自然本身起作用，只要通过自然，反映出人的本质力量，在自然中找回发现人自身的回响与反应，表现出人的思想和情感，就是自然的人化了。也就是说，自然的生命力召唤人类去探索它们，人们在探索之中，发现了自己的情感和精神，实现了精神的安宁，主体的感性生命得到了拓展，主体的心灵在自然中获得了无限自由。此外，人类劳动是不断发展的，人的本质力量和人与自然的关系也处在不断发展的过程中，自然人化和自然美的生成也就不是静止的，而是随之发生着相应的改变。主体的自由与自然的生命关系也就处在不断的运动和创造之中了。

蒋孔阳自然人化和自然美理论的突出特点就是从人与自然结成的关系入手，既强调自然本身的属性对于美的生成的重要性，又强调人在自然对象成为审美对象过程中的主体地位。就是说，一方面，自然本身的性质和特点，特别是作为审美对象的自然物本身的质料、它的内在结构形式和外部形状与面貌是构成自然美的物质基础所必不可少的条件；另一方面，自然美的生产和欣赏都要有人的参与，都需要人与自然发生审美的关系才成为可能。因此，蒋孔阳的对于自然人化和自然美的论述是与他一贯主张的“美在关系”和“美在创造中”的观点相一致的。可以说，蒋孔阳的自然人化理论深化了实践美学对人与自然审美关系的认识，使主体对自然的认识上升到了自觉的意识，推进了人对自然审美的展开和深化。那种认为蒋孔阳的自然人化理论是“脚踏两只船”、违反学理要求[1]的看法显然忽视了其理论的重要意义。

但是,自然人化的理论往往遭到不少怀疑和反对,比如实践如何创造太阳的美?辽阔的大海、深邃的星空、浩瀚的蓝天、优美的人体等,它们的美又是如何创造的呢?还有,自然的美有时候还会因为人类的劳动而被破坏,现代的生态危机尤其说明了这一点。这些怀疑和反对是没有深入考虑以下四个因素的结果。第一,对人类改造自然的活动作狭隘的理解,认为人类对自然的改造是逐个进行的过程,从而忽略了人对自然的实践改造的本质是改造人与自然的关系,实现人与自然的和谐统一;第二,对自然美的欣赏缺乏历史的尺度,看不到自然美在人类历史进程中的演变轨迹,从而认为自然美是天生的,与实践无关;第三,在人类的劳动实践中,人类的实践很多时候表现出对人的自由的异化,劳动成为异化的劳动,人在改造自然的劳动过程中不仅感觉不到美,反而会产生对人的压迫与摧残,自然人化的美被消解了;第四,他们看到了自然被劳动所破坏,却忽视了在劳动过程中越来越多的自然美正在被发现,而且只要人类意识到这一点,就会把自然变得更美。实际上,就像蒋孔阳所说的那样:"人化并不一定要求对自然本身起作用,而只要通过自然,反映出人的本质力量,在自然中找回人自身的回响和反应,表现出人的思想和感情,就是自然的人化了。"[2]太阳的美与不美要看太阳与人之间的关系怎样。如果是炎炎烈日,造成大旱,人们因此渴死、饿死,那么太阳对人来说就是不美

---

〔1〕 汪济生. 实践美学观解构. 上海人民出版社,2007. 307. 或汪济生. 自然美:自然的人力化,还是自然的宜人化——从解构李泽厚的"广义自然人化说"入手. 厦门大学学报,2004(6).

〔2〕 蒋孔阳. 蒋孔阳全集:第3卷. 安徽教育出版社,1999. 194.

的；如果是风和日丽，有变幻多姿的朝霞和夕阳，给人带来享受和愉悦，那么太阳对人来说就是美的。因此，没有被人类开发和利用并不代表自然的美就不能被人发现和欣赏。那些怀疑和反对都是比较机械的看法。

第三节

两个尺度与美的规律

“两个尺度”理论是《巴黎手稿》中的又一重要问题，它与马克思对“美的规律”的论述一起构成了实践美学的又一理论支点。蒋孔阳在《美学新论》一书中考察了上世纪80年代以来我国美学界关于“美的规律”讨论的六种观点之后说：“人的劳动是依照美的规律来进行的，而动物的劳动则不是依照美的规律来进行的。所以，美的规律应当是人类的生产劳动所独具的特点。……美与人类的劳动具有密切的联系，我们既不能离开人类的劳动来谈美，也不能离开人类的劳动来谈美的规律。”[1]因此，探讨两个尺度和美的规律的问题就要结合人类的生产实践劳动，缺失了这一点，对美的规律的认识必然会带有片面性。

人在通过实践改造自然并使自然人化的过程中，人是实践的主体，自然是实践的客体，但主体与客体并不处于对立面。在马克思看来，人与自然、主体与客体通过实践活动联结在一起，并不是

〔1〕 蒋孔阳.蒋孔阳全集：第3卷.安徽教育出版社，1999.218.

截然分开的两部分。这就决定了人要考虑主体意识和客体因素、人的因素和自然的因素在实践中的作用。同时,人的实践劳动不仅是一种生命劳动,而且还是一种证明自身的劳动。这就把人的生产实践和动物的本能活动区别了开来。也就是说,在劳动过程中,人的劳动是有意识的生命活动,人可以把自己的生命活动变成自己意志的和意识的对象,从而使自身从自然界中分离出来;而动物的生命活动仅仅就是一种生命活动,动物并不能把自己与自然界区分开来,它与自然界是直接同一的。但是,人从自然分化出来的这一事实决定了人永远不可能离开自然,人的改造自然的实践活动还必须以自然本身为前提。所以,马克思在论述美的规律的问题时就把人的内在尺度和物种的尺度放在一起加以比较:“诚然,动物也生产。它为自己营造巢穴或住所,如蜜蜂、海狸、蚂蚁等。但是,动物只生产它自己或它的幼仔所直接需要的东西;动物的生产是片面的,而人的生产是全面的;动物只是在直接的肉体需要的支配下生产,而人甚至不受肉体需要的影响也进行生产,并且只有不受这种需要的影响才进行真正的生产;动物只生产自身,而人再生产整个自然界;动物的产品直接属于它的肉体,而人则自由地面对自己的产品。动物只是按照它所属的那个种的尺度和需要来构造,而人懂得按照任何一个种的尺度来进行生产,并且懂得处处都把内在的尺度运用于对象;因此,人也按照美的规律来构造。”[1]

在这里,马克思把人的劳动和动物的生产进行了比较,在比较的基础上发现其异同,进而提出两个尺度和美的规律的问题。那

---

〔1〕 马克思.1844年经济学哲学手稿.人民出版社,2000.57-58.

种把物的尺度和人的内在尺度等同起来的观点以及把两个尺度截然分裂的观点都是不可取的。人和动物之间生产的不同在于，动物的生产是直接的、片面的，是为了自己或幼仔的生命延续而进行的生产，其生产的尺度是自身所属物种的尺度；而人的生产是全面的、有意识的、有目的的，并不受肉体需要的影响，可以自由地支配自己的产品，并在生产过程中把自己的本质力量运用到对象中去。但是，人作为自然界的一部分，他的生产与动物的生产也具有一致的地方，两个尺度之间也具有密切的联系。其一致性表现在人的有意识的生产可以按照物的尺度来进行生产，物的尺度在一定程度上也是一种美的规律。“人也按照美的规律来构造”说明美的规律并不是人的主观发明，而是人在实践过程中的客观发现，物的尺度和它们进行生产的规律是美的规律的有机组成部分，也是人类审美实践和生产实践所遵循的规律的来源之一。在人的实践过程中，只有物的尺度和人的尺度完美结合的实践活动才可以说是真正的实践活动，也就是马克思所说的“真正的生产”。也就是说，人在自然人化、把自己的本质力量对象化的过程中，既要考虑到物的尺度，也要考虑到人的内在尺度。物的尺度是自然界中有机界和无机界自然本有的规律，人的内在尺度是人根据人性要求进行的物质和精神生产所遵循的规律。人的实践不能仅遵循一种规律。仅遵循物的尺度，人类就只能顺应自然，取消了人的积极性，不能充分发挥主观能动作用，实践活动的目的也就很难实现，这实际上是一种“自然本位主义”思想；同此，也不能只遵循人的内在尺度，这样人就会忽略自然存在和自然规律，破坏自然的和谐，犯“人类中心主义”的错误，人与自然的关系就会处于紧张的状态，自然和人自身都会受到一定程度的破坏，所谓“蜀山兀，阿房出”就是这种状况的结果。

所以，马克思在论述物的尺度和人的内在尺度的关系的时候，既强调了人的有意识的内在尺度的重要性，也没有忽略物的尺度和自然的规律，而是两者之中突出重点又兼顾其他的辩证观点。实践美学在运用两个尺度解释美学问题、建构美学理论的时候也延续了这一思路，把物的尺度和人的内在尺度相结合，在审美实践中，既尊重自然的规律，又突出人的主观能动作用，是两个尺度完美结合论者。因为，满足人类需求的实践劳动是一种能动的创造性的活动，这就决定了劳动的结果必然会超越劳动本身和肉体需要，自然与人、主体与客体的创造结合就产生了超越主客体的新的东西，也就是美。就像劳动创造了美，但美不等于劳动一样。

同时，实践美学论者在论述两个规律的关系时更多地强调了两个尺度之间的本质区别，以寻求人的本质在审美活动中的突出地位。如刘纲纪，他在反驳蔡仪把物的尺度和人的内在尺度混为一谈的观点时，就竭力从人类劳动与动物劳动的本质区别的角度区分物的尺度和人的内在尺度之间的本质区别；这两个尺度通过人的物质生产实践统一起来，决定并形成了一切美的现象的本质规律，是客观的自然的必然性同人的自由的统一，即自然和自由的统一，即两个尺度的统一。人对自然的支配是建立在对自然规律及其必然产生的结果这两者的联系的认识之上的，即物的尺度和人的内在尺度的统一。也就是说，两个尺度的统一是在人的自由的改造自然的劳动的基础上实现的。即使这种劳动不是自由的劳动，是一种为他人服务的、受他人支配的、处于他人的压制和强迫之下的劳动，自然的尺度和人的内在尺度也要完美结合起来并经过历史的积淀，从而转变成美，成为人们的审美对象。如果这种劳动遵循的不是这两个尺度的统一，其劳动成果既不能实现，也不能成为美的对象。所以蒋孔阳说："人类在劳动实践的过程中，按照客观世界不同事物的规律性，结合人们富有个性特征的目的和愿望，来改造客观世界，不仅引起客观世界外在形态的变化，而且能够实现自己的本质力量，把这一本质力量自由地转化为能够令人愉悦和观赏的形象。"〔1〕

但是，有的学者认为，实践美学并没有实事求是地对待实践与自然、实践与美的关系，实践美学关于"人的本质力量的对象化"和自然美的本质的论述，在实质上把人类在实践或"对象化"活动中所遵循的尺度只限定为人类、人的本质或人的本质力量。也就是说，实践美学"所谈论的实践或'对象化'活动只遵守一种尺度——人的内在尺度"〔2〕。这种观点就把实践美学所理解的劳动及其本质狭隘化并降低到了动物活动的层面，从而否定了人的本质和人的内在尺度。事实上，持这种观点的人既没有从总体上把握住实践美学的逻辑进程和基本精神，也没有在具体的实践美学代表人物的美学理论中发现他们对两个尺度的准确理解和灵活运用。在实践美学者看来，人成为人，人的本质力量的全面发展是在人的劳动能力超出了自然肉体的满足之后才成为可能的，审美正是这一阶段的活动。美的规律并不是单一的自然的尺度或人的尺度。只有这两个尺度的完美统一，人才能感受到美。比如陶工制陶，只有当陶工把陶罐打磨得很光滑，做得很圆、烧得很透时，那这个陶罐才是美的。在这里，陶的自然属性和人改造自然的智慧统

〔1〕 蒋孔阳. 蒋孔阳全集：第3卷. 安徽教育出版社，1999. 226－227.

〔2〕 刘大新. 人、实践与自然——"实践的美学观点"评析. 河北师范大学学报，1996(10).

一在这个完美的陶罐中。单纯的制陶罐的泥土和单纯的人，还都没有成为实用与审美的对象，人还不能感受到自己的创造的自由的乐趣，也就还不能产生美感。实践美学正是从这两个尺度的结合的角度来谈论美的规律的。在朱光潜那里，对物的尺度的重视转化为尊重审美客体的客观属性，人的内在尺度转变为对主观美感的强调。他从人类对世界的艺术的掌握方式和精神生产理论出发，探讨了实践活动中人的主观力量，也就是人的内在尺度的重要作用，又把客体的形状、性质，也就是物的尺度与人的主观情趣结合起来考察，既尊重了审美客体本身的属性，又突出了审美主体的个体特性。李泽厚在《美学三题议》中论述美感的二重性时就考察了主观的审美经验和具体的形象感受之间的内在联系；在后来的自然人化理论中，李泽厚又把人对自然美的认识上升到本体论高度，提出自然人化和人的自然化互动的美学理论，把客观自然对人的情趣、心灵的陶冶结合起来，实现了物的尺度和人的内在尺度的统一。刘纲纪也认为，人的内在固有的尺度的实现只能通过和掌握利用物的尺度来实现。这种物的尺度也就因为它同人的内在固有尺度相联系，并感性现实地肯定了人的自由而成为美的。所以刘纲纪认为马克思是从人类特有的改造世界的实践活动出发探求美的规律的，并把美的规律放在人类历史发展的广阔的视野内加以考察；可以说，在人改造自然的过程中，“是物种的自然尺度同人所提出的内在尺度这两者的统一”[1]，与人的本质力量的对象化是根本一致的。蒋孔阳也说：“我认为美的规律应当是：人类在劳动实践的过程中，按照客观世界不同事物的规律性，结合人们

〔1〕 刘纲纪. 美学与哲学. 武汉大学出版社，2006.12.

富有个性特征的目的和愿望，来改造客观世界，不仅引起客观世界外在形态的变化，而且能够实现自己的本质力量，把这一本质力量自由地转化为能够令人愉悦和观赏的形象。由于人类的劳动过程，是人与自然相互交往和相互影响的过程，因此，哪里有人与自然（现实）的关系，哪里有劳动，哪里就应当有美的规律。”[1]总体来看，实践美学对美的规律的认识，都强调了实践与自由的统一、合目的性与合规律性的统一以及真与善的统一，人只有按照客观的规律进行实践才能实现实践的目的。

另外，美的本质与人的本质相联系，实践美学对美的规律的认识也与马克思对人的本质的认识联系在一起。在马克思看来，人的本质是一切社会关系的总和，是自由自觉活动的实践者。这就要把人的实践活动，包括审美，放在人与自然、人与社会以及人与人之间的客观关系之中进行研究，脱离这些关系，美的规律就无从谈起。人类改造自然的活动是在人类整体协作基础上实现的，任何单个的人都无法完成对整个自然改造的任务。这也是马克思在《巴黎手稿》中把人作为一种类存在物来论述的原因。人对美的规律的认识也是人类集体的发现，但这并不是忽视个体的人在这一过程中的积极作用。正是具有能动性的个体的有效组合才能真正实现人类对美的规律的把握，个人的审美自由也只有在社会整体中才是真正的自由。反之，个人与自然、社会的对立就会形成对个人自由的否定。实践美学正是从上述关系入手，探讨了实践在联结人与自然、与社会、与他人等一切客体关系方面的重要性，把审美放在了主体与客体双向互动的关系之中加以考察，实现了物

〔1〕 蒋孔阳．蒋孔阳全集：第3卷．安徽教育出版社，1999．226－227．

的尺度与人的内在尺度的和谐统一。这一点可以用王昌龄的《闺怨》加以解释。从诗中可知，这位年轻妇人新婚不久，她的夫君就为建立功名离她而去，使自己独守空房。在这里，置于全诗之前的是少妇与她丈夫之间的婚姻关系，如果抛却这层关系，少妇的这一次审美体验可能就不会完成。此外，在当时的社会环境下，夫贵妻荣、建功立业的社会道德伦理的要求又置于这对夫妇的婚姻关系之前，没有这一时代社会环境的影响，两人可能正处在蜜月时期，而不是相隔两地。因此，处于社会关系之中的夫妻关系受到了限制或影响，人的审美情趣和审美际遇都与这些关系联系了起来。同时，少妇思念愁绪的缠绵不尽、婉转多情与杨柳婀娜曼妙的姿态相吻合，人与自然的审美关系得以建立起来；如果换作一棵已枯死了的树，少妇的上述审美体验也是不可能产生的。在这里，树与人、主观与客观、物的尺度与人的内在尺度完美地统一起来了。这就是说，物的尺度和人的内在尺度的统一，美的本质和人的本质，都要放在一定的社会历史关系之中加以理解才是符合实际的，忽略这一点来谈两个尺度的统一，谈美的本质，就失去意义了。

第六章

李泽厚的主体性实践美学

李泽厚的主体性实践美学是实践美学的主流派别。李泽厚以马克思主义实践观为基础，以康德的主体性哲学精神为指导，同时有选择地吸收了中国古典美学和现代西方美学的精髓，提出了一系列具有内在阐释张力的美学概念，组成了逻辑严密的美学体系，具有极强的开放性和包容性，并随着时代的发展而发展，具有极高的前瞻性、理论价值和现实意义。李泽厚实践美学的主旨是解决当前和未来时代中“大我”（人类集体）和“小我”（个体自我）何以生存的问题，其基本主题就在于如何发掘和推进主体生存中的创造性因素。因此，李泽厚的美学是一种具有不断前进、勇于开拓精神的创造美学。从李泽厚美学思想的思维演变历程中我们可以发现其一以贯之的精神品格，他的“积淀说”在一定程度上探讨了个体创造性生存何以可能的问题，后期的“情感本体”建构从形式上和意蕴上把这种创造性生存品质演进到更高的层次上。李泽厚在学理上完成了其美学体系的内在演进。

第一节 李泽厚实践美学的逻辑进程

李泽厚的主体性实践美学是建立在他的主体性实践哲学基础之上的，是一种动态美学，不断更新发展，具有开放性和包容性，逻辑进程十分清晰。概括说来，李泽厚主体性实践美学的逻辑演进经历了从实践认识论到实践本体论（人类学历史本体论）再到实践生存论尤其是个体生存论的变化历程。《哲学探寻录》一文是李泽厚哲学美学逻辑进程演进的缩影。李泽厚美学思想的这种思维转向并不是他放弃了前期的基本思想和立场,而是因为其美学思想本身包含了和要求着这种转向与演变。

在20世纪五六十年代,李泽厚的美学主张是在与朱光潜的辩论过程中提出的。这一时期,他最早引用马克思《巴黎手稿》中关于自然人化的论述,开创了中国当代美学研究的实践论转向,从而将美的静态属性的分析与动态的历史发展过程联系了起来;同时强调美感的客观社会性内容,提出了美感的矛盾二重性原理和自然的人化等核心思想。这一时期的李泽厚美学是以马克思主义实践观为基础的认识论美学,美感问题是李泽厚进行美学基本问题探讨的中心环节;同时,李泽厚对美的本质的认识也与这个方法论密切相关。他说:"美的本质就是现实对实践的肯定;反过来丑就是现实对实践的否定。美或丑存在的多少取决于人类实践的状况、人类社会生活发展的状况,取决于现实对实践的关系。"[1]从这一角度出发,在美与美感关系的问题上,李泽厚遵循了反映论的原则,认为美感的普遍性和必然性根源于美的客观性和必然性,美感依赖于美的存在而存在,是美的反映、美的模写。这一时期的美感论奠定了后来"积淀说"的基石。

上世纪70年代末,随着思想专制统治的结束,李泽厚出版了《批判哲学的批判——康德述评》一书。在这本书中,李泽厚系统地建立了他的人类学本体论哲学,认为人类生活和生存区别于其他一切生物种族的基本的、突出的、巨大的、主要的特征,在于使用和制造工具。在这一阶段,李泽厚美学主要关注的是人类整体生

〔1〕 李泽厚.美学论集.上海文艺出版社,1980.147.

存的基础,即人类生存所必需的物质生产活动,具体来说,就是人如何通过制造、使用和更新工具来改造物质世界的活动,强调物质生产是社会存在的根本,是文化活动的基础。在这个意义上,李泽厚的人类学本体论美学继承了马克思的历史唯物论即实践论,把人类的生存实践看作人类存在和发展的基础,并从人类的实践来看待人类区别于动物的本质特征,探讨人类何以成为人类的本质规定性,人类文化又是如何在这一过程中生成和延续的。这就涉及了精神文明建设问题、文化继承批判问题、历史积淀问题、人性问题、主体性问题等。这也是李泽厚一贯强调的"马克思主义不只是革命的哲学,而且更是建设的哲学"〔1〕的观点的具体化。这一系列问题看似老生常谈,实际上很不好解决,就像李泽厚所说的那样:"如何真正从哲学上具体了解和发掘其严重意义,如何具体地与当代科学和社会发展方向联系起来,即使从理论上说,也是一个远非轻易而毋宁说是非常艰巨复杂的研究课题。"〔2〕基于这一认识,李泽厚认识到近代科技的急剧发展正在使理性日益损害着个体生存的独特性、偶然性和丰富性,因此"理性需要解毒,人类需要平衡",人探寻、询问专属于自己命运的问题就提到日程上来了。

李泽厚美学最终走向了以实践论为基础的个体生存论,非理性、直觉性、偶然性和创造性等内涵成为李泽厚美学的重要组成部分,建立了以个体的创造性生存为核心的"情本体"美学。于是,美学在其最高境界上就是一种生存论,是探讨人的生存方式、生存

〔1〕 李泽厚. 批判哲学的批判——康德述评(修订本). 人民出版社,1984. 443.
〔2〕 同〔1〕. 444.

境界和生存意义的学科。这是李泽厚以马克思的实践论改造康德的主体性哲学的必然逻辑结果,也是李泽厚坚持马克思实践哲学的应有结果,因为马克思的实践哲学蕴含着生存观念和生存论的深厚潜质。刘纲纪后来提出的"实践批判的存在论美学"同样也是马克思实践哲学存在论内涵的体现。李泽厚说:"人类学本体论的哲学(主体性实践哲学)在探讨心理本体中,当然要对'生'、'性'、'死'与'语言'以充分的开放,这样才能了解现代的人生之谜。在这前提下的哲学美学便也属于人的现代存在的哲学。"〔1〕因此,李泽厚的主体性实践美学关心的远不止艺术,而涉及了整个人类、个体、自然环境,它不是艺术科学,而是人及人的生存的哲学。从这个角度看,李泽厚的美学便不是对审美对象的精细描述,而是对美的本质的直观把握;美感研究的主题也不是对审美经验的科学解剖,而是陶冶性情、塑造人性,建立新感性;艺术的主题也不是语词分析、批评原理或艺术历史,而是使艺术本体归结为心理本体,从而使艺术本体论变为人性情感作为本体的生存扩展的哲学。

李泽厚美学思想的这三个时期是层层深入、有序演进的整体架构,不能只抓住其中一个时期的美学观点来分析。有些学者把李泽厚美学思想分为前期的客观主义认识论美学和后期的积淀说美学,把两者之间的内在联系和逻辑进程一笔抹煞,认为李泽厚后期美学"试图突破以前的思想,强调个体生存的偶然性和实践活动的直觉性和创造性,但这种思想的反驳并没有逻辑根据,把实践论和存在论沟通只能是牵强附会,矛盾仍然存在于个体与社会、实

〔1〕 李泽厚.李泽厚十年集:第1卷.安徽文艺出版社,1994.453.

践的人类性和审美的个体性之间”[1]。针对这种观点，我们要强调两点：第一，这种把李泽厚美学分为前后不同的两个时期的做法，忽略了李泽厚美学从前期到后期的中间环节，人为地把完整的逻辑体系分裂开来，自然不能得出正确的结论；第二，个体与社会、实践的人类性与审美的个体性之间的矛盾是一种普遍存在的矛盾，任何哲学美学都无法回避乃至消除这一矛盾，以这一点来指责李泽厚美学思想的矛盾性和不完满性，无疑是一种强词夺理的做法。

第二节 “积淀说”中的主体性因素

李泽厚的主体性实践美学中有一系列组成对子的特殊概念，比如积淀与突破、群体理性与个体感性、工具本体与心理本体、自然的人化与人的自然化、社会的人化和人的社会化、新感性与情本体等，在美学方法论方面有哲学与美学、史与论等，其中积淀与突破的关系是这些对子中的核心问题。这些概念是李泽厚主体性实践哲学在美学领域的全面展开，构成了李泽厚美学体系内部巨大的阐释张力场域，也使其美学体系具有可供进一步挖掘和再创造的空间。李泽厚也正是通过这些对子获得了一个参两显中的相互引发机制。这里，我们主要论述积淀与突破的关系问题，以说明主

[1] 章辉. 实践美学：历史谱系与理论终结. 北京大学出版社，2006. 34.

体性创造性因素在李泽厚美学体系中的重要地位。

“积淀说”是李泽厚在美学领域解决其主体性实践哲学中工艺—社会结构、文化—心理结构以及群体和个体之间关系的理论。这个解决方案从宏观上概括了人类外在的物质生产实践内化、积淀为个体内在的心理结构，社会历史的理性内容浓缩、积淀到个体感性的心理之中，从而为人类的先验心理结构和个体的创造性心理机能找到了经验的历史根源。同时，李泽厚指出，由于生物学、生理学、心理学的不发达、不成熟，审美心理学还不能成为一门精确的科学，因此，上述两方面过程如何在具体的方式上实现，还有待未来科学发展的证明。

在艺术领域，“积淀说”主要表现为艺术内容和形式之间的转化，也就是“有意味的形式”。李泽厚改造了克莱夫·贝尔只强调纯形式审美性质的“有意味的形式”的概念，认为：“似乎是纯形式的几何线条，实际上从写实的形象演化而来，其内容（意义）已积淀（融化）在其中，于是，才不同于一般的形式、线条，而成为‘有意味的形式’。”[1]内容向形式的积淀仍是通过生产劳动和生活活动中所掌握和熟练了的合规律性的自然法则本身而实现的；从再现到表现，从写实到象征，人们不自觉地创造和培育了比较纯粹的美的形式和审美的形式感。但是，随着岁月的流逝、时代的变迁，这些原来有意味的形式因为重复仿制而逐渐变为一般的形式感，即使这样，我们也不能否认这些形式中所积淀的社会内容。当然，这是一个非常复杂而困难的科学问题，尚需深入探索。

在李泽厚的美学体系里，理性与感性、社会整体与个体、工具

〔1〕 李泽厚. 李泽厚十年集：第1卷. 安徽文艺出版社，1994. 33.

本体与文化心理本体不是分裂的，而是统一的，前者是后者实现的条件和基础，后者是对前者的强调、深化和拓展，但前者和后者不能等同。在李泽厚看来，实践的理性和群体性在其美学体系中具有重要地位，实践活动也必须和理性、群体结合起来才能实现目的，离开了理性的感性只能回到动物性。任何个体的创造发展也离不开人类整体的发展，这是不争的事实。只有人类整体发展到一定程度，个体的自我和自由才能随之觉醒、发展。李泽厚主体性实践美学也正是从这一角度出发论述的。所以他又说："在现代科学、技术、工业基础上，这个改造世界的'自我'人类主体已日益突出。与此同时，作为个体的'自我'的地位、作用、意义和独特性、创造性、多样性、丰富性等问题也日益突出和重要了。"[1]李泽厚关于主体性二重性的分析是这一问题的总说。李泽厚说："'主体性'概念包括两个双重内容和含义。第一个'双重'是：它具有外在的即工艺—社会的结构面和内在的即文化—心理的结构面。第二个'双重'是：它具有人类群体（又可区分为不同社会、时代、民族、阶级、阶层、集团等等）的性质和个体身心的性质。"[2]组成主体性的四个方面是相互交错渗透、不可分割的，而且每一方面同时又具有相对的独立性，是一个复杂的组合体。这种复杂的结构系统是李泽厚提出其主体性概念的基础，把握了它们之间的关系也就把握了工具本体与心理本体、感性与理性、群体与个体等一系列问题之间的关系。

李泽厚认为，主体性双重含义中的第一个方面是基础的方面，

〔1〕 李泽厚. 批判哲学的批判——康德述评（修订本）. 人民出版社，1984. 205.

〔2〕 李泽厚. 实用理性与乐感文化. 北京三联书店，2005. 218.

即人类群体的工艺—社会的结构是根本的、起决定作用的方面，只有在群体的双重结构中才能具体把握和了解个体身心的位置、性质、价值和意义，否则个体的价值和意义“将是一个空洞的抽象”[1]。虽然李泽厚的主体性首先是指人类群体，作为基础的外在工艺—社会的客观结构是历史的原动力，是构成人类主体性的本质现实，但这些还需要由社会学、经济学、未来学作出现代科学的仔细研究，还不是哲学美学研究的任务。因此，在《康德哲学与建立主体性论纲》一文中，乃至在整个哲学美学体系中，李泽厚所讨论的主题都是人类本体的第二个方面，即作为主体性的主观方面的文化—心理结构的问题。作为主体性的主观方面的文化—心理结构也有集体的和个体的两个方面或两个层次。集体的社会意识的活动形态、原始的巫术礼仪活动以及群体的语言符号活动是个体主体性形成并用以区别动物心理的基础，只有在这个基础上，个体的文化心理结构才能展示出丰富性、多样性和创造性。物质生产实践把客观物质活动所发现的众多规律通过经验移入、保存、积累在语言、符号的系统即文化之中，形成了世代相传的人类知识，这些知识又给个体心理以语言的深层结构和能力形式，从而形成个体主体性的人性结构的根本动力。这就把主体性人性结构的形成奠定在实践论的基础上了，从而具有很强的生命力和说服力。

由此可见，一些学者用“压倒”、“决定”、“忽略”等词语概括李泽厚美学概念之间的关系显然是不合适的。同时，还有另一种倾向，认为李泽厚是理性主义者，在他的哲学美学体系里，过分强调理性，因此在强调“积淀”的时候忽略了“突破”。我们认为这种

---

〔1〕 李泽厚.实用理性与乐感文化.北京三联书店，2005.219.

观点也是不妥当的。因为李泽厚并没有忽略审美生成过程中个体的创造性问题,反而在“以美启真”、“以美储善”的表述中处处关注个体创造的可能性,从而在审美的自由中达到人性结构的顶峰。因此,“积淀说”也并不是突破创造的死敌。可以说,个体主体的突破创造功能是主体性实践美学所要探索的基本课题,也是李泽厚美学的主题所在。所以李泽厚明言:“普遍的心理结构和个体心理的创造功能便是人性主体性所要探究的基本课题,也是《论纲》(按:指《康德哲学与建立主体性论纲》)及本文(按:指《主体性的哲学提纲之二》)的主题。”[1]

在李泽厚看来,个体主体的创造性也要奠定在积淀的基础之上才能实现。具体来说,就是主体性的人性结构,即理性的内化(智力结构)、理性的凝聚(意志结构)和理性的积淀(审美结构)。这三重结构落实在个体心理上就是以创造性的心理功能不断开拓和丰富自身,从而实现个体的自由直观、自由意志和自由感受。其中,自由直观包含理性的积淀但不是理性,也不是理性思辨和形式推理,同时也不是感性经验和单纯直观。它既理性又直观,来自生活实践又诗意朦胧,具有突破现有思维格局和既定经验的巨大力量,而且常常与个体的感性、情感、经验、历史以至气质、天赋有关,是理性内化的普遍的智力结构和自由直观的个体创造能力。这个突破创造过程就是李泽厚所说的“以美启真”。自由意志的观点更充分地体现了李泽厚对个体创造性能力的重视。因为自由意志的特征就是要求个体凝聚理性以排除感性或种种非理性的干扰,从而自由地主宰自己的行动,表现出超越现实因果的主动选择的

〔1〕 李泽厚. 实用理性与乐感文化. 北京三联书店,2005. 222.

特征。它不是简单地服从因果必然性的现象,而是在主体的目的性中显出主体创造力量的巨大和崇高,从而开拓出主体自己的宏伟大道。这就是"以美储善"的创造可能性。所以,李泽厚说:"行为是由自己选择,生活是由自己负责,命运是由自己决定,并不是被外在程序所机械地规定好了的。"〔1〕因此,审美的主要特征正在于总体与个体的充分交融,达到历史与心理、社会与个人、理性与感性在心理、个体和感性自身中的创造性统一。这种统一不是一般压倒个别,而是沉积着一般的个性潜能的充分培育和展现,主体性实践美学既具有冷静的对社会发展的客观历史的科学分析,又具有主动创造历史的伦理主张,既包括对过去的回顾和总结,也包含对未来的追求和渴望。这与当前无视主体性本体创造能动性的冷哲学和盲目夸张个体主体性的热哲学有着本质区别。所以,李泽厚说:"未来并非给定,而是创造的。"〔2〕

实际上,蒋孔阳的"多层累的突创说"就是对李泽厚注重创造性潜能的"积淀说"的深化和拓展。蒋孔阳说:"所谓多层累的突创,包括两方面的意思:一是从美的形成来说,它是空间上的积累和时间上的绵延,相互交错,所造成的时空复合结构。二是从美的产生和出现来说,它具有量变到质变的突然变化,我们还来不及分析和推理,它就突然出现在我们的面前,一下子整个抓住我们。"〔3〕又说:"美的形成,是多种因素多种层次的相互作用,相互积累;而美的出现,则像母鸡孵小鸡一样,不是一脚一爪地逐步显露出来,而是一下子突然破壳而出。正因为这样,所以我们说它是

〔1〕 李泽厚.实用理性与乐感文化.北京三联书店,2005.228-229.
〔2〕 同〔1〕.228.
〔3〕 蒋孔阳.蒋孔阳全集:第3卷.安徽教育出版社,1999.148.

一种突然的创造。"[1]而且,他从自然物质层、知觉表象层、社会历史层和心理意识层的分析与李泽厚的"客观社会说"也有可供比较的地方。可以说,蒋孔阳的"多层累的突创说"正是看出了李泽厚"积淀说"的优势并综合了蔡仪、朱光潜和马克思的思想而提出的理论主张。

第三节 从工具本体到情感本体

有学者认为,李泽厚的后期美学思想,尤其是情感本体美学已经偏离了实践美学。刘纲纪就持这种观点。可是,李泽厚本人认为他的主体性诸论纲以及情感本体美学建构与他的"积淀说"是统一的。他说:"我的哲学提'情感本体',当然也就是'思'了,但它又是'诗',又与历史相统一('积淀'),因此,这就是思、诗、史三合一。"[2]从这里可以看出,李泽厚把工具本体与情感本体联系了起来,工具本体是情感本体的基础。从工具本体到情感本体,反映了李泽厚后期实践美学的发展路向。

李泽厚在初步建构情感本体理论的时候是与自然的人化或工具本体联系在一起的。李泽厚说:"我所说的'新感性'就是指的这种由人类自己历史地建构起来的心理本体。……它是人类将自

〔1〕 蒋孔阳.蒋孔阳全集:第3卷.安徽教育出版社,1999.158.
〔2〕 李泽厚.关于哲学、美学与审美文化研究的对话.文艺研究,1994(6).

己的血肉自然即生理的感性存在加以‘人化’的结果。”[1]建立新感性,也就是心理本体或情感本体也是自然的人化的结果,也就是李泽厚所说的“内在的自然的人化”。

李泽厚的自然人化理论包括两个方面,一个是外在自然的人化,一个是内在自然的人化。外在自然的人化是指通过劳动直接或间接地改造自然的整个历史成果,主要是指自然与人在客观关系上发生了改变。而内在自然的人化是指人本身的情感、需要、感知、愿欲以至器官的人化,使人作为生理性的内在自然变成社会性的人,也就是人性的塑造。这又分为感官的人化和情欲的人化两个方面。

关于感官的人化,李泽厚借助马克思《巴黎手稿》中“人的五官是世界历史的成果”的观点,认为人类在使用和制造工具的社会实践活动中使人的感官复杂化,人类通过制造和使用工具突破了人的活动的单一性,现实物质世界各种各样的结构、规律和形式日益深入和广泛地被揭示出来并保留、巩固、积累在劳动实践中。这一切直接作用于感觉、知觉、感受和情感等人的感性存在和五官感觉。这就是自然感官的人化。这一观点从哲学上讲是感性的功利性的消失,或者说是感性的非功利性的呈现。也就是说,人的动物性的感官已经超脱了动物性生存的功利而成为一种社会性的东西,是感官的社会性;反映在审美中就形成了审美的感性而又超感性的特点。所以李泽厚说人的视觉、听觉与味觉、触觉、嗅觉相比之所以成为主要的审美器官,是“因为它失去了个体利己主义的性质,更多地是人化了的感觉,在这种感性中,充满了社会性东西,

[1] 李泽厚.美学四讲.北京三联书店,1989.112.

它们已经成为社会人的主要器官”〔1〕。

关于情欲的人化，李泽厚认为这是对人的动物性的生理情欲的塑造或陶冶，与人是具有感性欲望的个体存在的关系极为密切，也就是人的情欲的自然性如何获得它的社会性的问题，比如性如何转变为爱情。性是本能的、动物性的，而爱情是属于人类的。这就使性欲成为爱情，自然的关系成为人的关系，自然的感官成为审美的感官，人的情欲成为美的情感。因此，人的情欲虽然是感性的、个体的，有生物根源和生理基础，但其中积淀了理性的东西，有丰富的社会历史的内容。

实际上，这里所说的内在自然的人化的两个方面是李泽厚1956年提出的美感的矛盾二重性理论的深化和发展。在这个基础上，“积淀说”沟通了工具本体与心理本体（情感本体）。在实际社会历史的发展过程中，自然人化的两个方面共同发展，相互因依，共同构成了审美的变化发展过程。所以李泽厚说：“随着历史的前进，随着整个人类心理结构的变化发展，人们在审美活动中的主观能动性愈益增大，每个人作为艺术家的习惯和能力在增强，审美的范围在扩大，艺术欣赏中的再创造程度不断提高，非美以至丑的对象日益容易变为审美对象，这既是反映现实世界中美的领域的扩大，也是表现心灵世界中审美能力的提高。它们标志着两个‘自然的人化’的不断进展。”〔2〕

在论述内在自然的人化之后，李泽厚突出了情感因素在心理—情感本体建构中的作用。与情欲的人化相关，李泽厚认为在日

〔1〕 李泽厚. 美学四讲. 北京三联书店，1989. 120.
〔2〕 同〔1〕. 116.

常生活和审美活动中,人们的主观情感自觉不自觉地成为驱使想象力的内容、动力、中介和基础。这样,人的生理欲望或原始本能性的心理也就成为审美愉悦的自然组成部分,人的感性生存问题便成为李泽厚美学的应有之义。李泽厚的主体性实践美学最终走向了个体生存论美学。所以李泽厚说:"积淀既由历史化为心理,由理性化为感性,由社会化为个体,从而,这公共性的、普遍性的积淀如何落实在个体的独特存在而实现,自我的独一无二的感性存在如何与这共有的积淀配置,便具有极大的差异。这在美学展现为人生境界、生命感受和审美能力(包括创作和欣赏)的个性差异。这差异具有本体的意义,即那似乎是被偶然扔入这个世界,本无任何意义的感性个体,要努力去取得自己生命的意义。这意义……必须由自己通过情感心理来寻索和建立。"〔1〕这样,美感的矛盾二重性、积淀说与心理情感本体就具有了一致性,李泽厚的实践美学发展到了一个新阶段。

马克思说:"全部人类历史的第一个前提无疑是有生命的个人的存在。因此,第一个需要确认的事实就是这些个人的肉体组织以及由此产生的个人对其他自然的关系。"〔2〕李泽厚承袭了这一思想,从"人活着"这一基本事实出发建构情感本体理论。情感本体理论的本质在于研究个体的主动和创造对群体的既成事实和心理积淀的挑战、变革和突破,它在一定程度上呈现了李泽厚对偶然性命运的后现代人生的情感探寻。尤其是在后现代社会的散文世界里,集体消失,人类生存走向"纯粹个体",剩下的只是自然人

〔1〕 李泽厚.李泽厚十年集:第1卷.安徽文艺出版社,1994.33.
〔2〕 马克思恩格斯选集:第1卷.人民出版社,1997.67.

性。人们如何度过今日,如何追寻有限人生中的欢乐和幸福,这些问题都是情感本体所要回答的。因此,关注偶然性、不确定性,建立个体生命的意义是运动而变化、具体而多元的情感本体美学的根本任务。

但是,从工具本体到情感本体,尤其是到情感本体理论的后期论述,李泽厚的美学建构已经消解了本体论。李泽厚说:"'情'是'性'(道德)与'欲'(本能)多种多样不同比例的配置和组合,从而不可能建构成某种固定的框架和体系或'超越的''本体'(不管是'外在超越'或'内在超越')。可见这个'情本体'即无本体,它已不再是传统意义上的'本体'。这个形而上学即没有形而上学,它的'形而上'即在'形而下'之中。"〔1〕又说:"这个感性结构之所以是本体,正因为它已不是生物性的自然存在,而是对有限经验的超越。它是人之所以为人的内在依据。"〔2〕可见情感本体是一种超越自身的本体建构,既建构了自己又超越了自己,不断更新和创造是其本质特征和根本属性。由此可见,情感本体理论建构与李泽厚的"积淀说"虽有联系,但已经发展到了超越自身的阶段,具有不确定性和否定功能。这在一定程度上偏离了实践本体论视野。李泽厚自己也感觉到了这一偏离,所以他在强调主体感性的偶然性生存的时候,又提出了"度本体"的理论,对情感本体理论品质的极端变动性加以限制和约束,由此,度本体成为人类学历史本体论的"第一范畴","人的本源存在来自此处"〔3〕。

从人类历史的前进历程看,从个体生存中创造能力的实现情

〔1〕 李泽厚. 实用理性与乐感文化. 北京三联书店,2005. 187.
〔2〕 同〔1〕. 236.
〔3〕 李泽厚. 历史本体论·己卯五说. 北京三联书店,2006. 10.

况看,主体的创造、变动品质都是在一定限度的范围内实现的,而不是任意进行的;做人做事都必须掌握分寸,恰到好处。这是李泽厚后期所着力强调的"度本体"的含义之一。在李泽厚看来,度本体首先出现在人类的生产活动中,并随着生产活动和社会历史的变化而变化,是一种永远动态的存在;它是人类主体性对自己主观性的要求,并从具体走向抽象,通过不断模拟得以传承和巩固,也只有在度的本体性的基础上,主客才能融为一体。同时,度又具有某种不可规定性、不可预见性,是各种创造发明、科学发现和艺术创造的力量,推动着人类的生存、延续和发展,推动着人类突破旧的框架、积淀、形式和结构。可以说,度本体既是李泽厚美学体系发展演进的总原则,是李泽厚对人类历史整体发展原则的总概括,同时也是个体生存的关键。在这个意义上,工具本体、心理本体、情感本体以及度本体等就具有了各自的基础性或独立性,它们存在于人性的感性结构之中,是激发和寄托主体创造性品质的所在和原则。在这里,工具本体是主体创造力实现的现实媒介,心理本体是主体创造力从潜伏状态到实现表露的心理基础,情感本体为主体创造力实现提供情感动力,而度本体则说明了主体的主观创造要有一定的限度,并不是随心所欲地进行的。

人类历史从工具本体走向心理情感本体,从人类整体的实践活动走向个体的审美生存,不断创造、自我更新的心理情感本体也就成为实现诗意生存、审美栖居的最终归宿。这既是终点,也是起点。这样,李泽厚美学就完成了其预想的目标设计。

李泽厚美学尽管具有这样那样的不足,还有需要完善的地方,但他在当代中国美学的地位和影响证明了自身的价值,他毕竟为我国当代美学在21世纪的新发展开辟了道路。这是任何对李泽厚美学肆意批判的批评者不能做到的。值得一提的是,李泽厚的美学体系仍然是在认识论的思维框架下进行逻辑架构的,其美学还具有认识论美学和反映论美学的一些局限,但其后期提出"度本体"的概念已透露出弥合主客二分、超越认识论思维模式的曙光。实践存在论美学正是认识到这一点而进行突破主客二分的美学建构的。

第七章

朱光潜的精神实践论美学

朱光潜的实践美学思想是在马克思主义美学实践观点的指导下，把马克思关于精神生产和用艺术方式掌握世界的理论命题与本身已有的美学积累融合参证，在主客统一的基础上着重强调审美主体主观意识的能动性，极力肯定人的主观精神在确立客观事物审美价值时的作用，从而实现从心物二分走向心物统一。朱光潜通过对马克思《巴黎手稿》等著作的解读，强调了精神生产的独立性和自由性，把人道主义与自然主义统一起来，并把科学的理论的掌握世界的方式与艺术的实践精神的掌握世界的方式区别开来，强调美的意识形态性质，提出了“物甲”“物乙”说和主客统一论，把审美主体的能动性放在了突出位置，实现了其美学思想的更新和发展，也为实践美学的进一步展开提供了基础力量。可以说，朱光潜的实践美学思想是实践美学的重要组成部分，缺少朱光潜美学思想的实践美学将是不完整的。

第一节 对《巴黎手稿》的解读

在美学大讨论时期，朱光潜处于讨论的中心，对《巴黎手稿》也进行了研究。朱光潜凭借自己的外语优势对手稿进行重新翻译、阐释，得出了与他人不同的观点。朱光潜对《巴黎手稿》的阐释有两个特点，一是强调物质生产和精神生产的统一性，尤其突出生产活动的自由性和主体的能动性；二是把人性与社会性统一起来，强调人道主义和自然主义的统一。这是朱光潜实践美学思想的源起。朱光潜主要阐释了手稿中“异化劳动”与“美的规律”、劳动与艺术两个问题。

朱光潜认为，在《巴黎手稿》中，“异化劳动”思想是中心思想。朱光潜主要从三个方面论述了“异化劳动”理论。第一是“物的异化”，其结果是使劳动产品对劳动者而言成为一种外在的、对立的、奴役他自己的敌对力量。第二是“自我异化”，劳动者的生产劳动剥夺了自己作为人的本质力量，劳动者的劳动并不属于劳动者的本质，人失其为人了。第三，从物的异化和自我异化两种定性之中，马克思引申出异化的第三种特性，即在异化劳动中人丧失人作为人的本质特性。人的本质特性在于人有自觉性，可以认识到自己不仅是一个个体，而且还把自己和他所属的物种等同起来，并在实践和认识中把他的物种作为他的对象；不仅如此，他还可以认识到其他物种乃至整个自然界包括社会都可以成为他的“精神食粮”，既是自然科学的对象，也是艺术的对象；在实践方面，一切自然对象又是生产劳动、革命斗争和科学实验的物质基础。这也就是马克思所强调的人的物种特性中的普遍性和自由性。异化劳动使劳动者失去了这种特性。

朱光潜对《巴黎手稿》异化理论的阐释，主要强调了在实践过程中，实践活动可以把人的物种特性与自然统一起来，物质生产和精神生产在实践过程中、在自然的基础上具有统一性。同时，朱光潜认为，马克思在论述异化理论的时候，在分析人的物种特性和人与自然的统一的时候，还提到了人通过实践对自然界进行加工改造，从而创造出一个对象世界，进而提出了“美的规律”的问题。

对《巴黎手稿》论述“美的规律”一段，朱光潜认为有以下三点值得注意：第一，人通过实践来创造一个对象世界，即对无机自然界进行加工改造。这条原则既适用于物质生产,也适用于哲学科学和艺术的精神生产。物质生产和精神生产都要根据自然,又要对自然进行加工改造,从中体现出物质生产和精神生产的一致性。这就肯定了艺术既要根据自然又要改造自然的现实主义路线。第二,物质生产和精神生产都可以证实"人是一种有自我意识的物种存在",并且根据这种认识着眼于为人类服务的目的来进行物质、精神的生产,也说明了人和一般动物在生产方面的差别。第三,无论是物质生产还是精神生产,都与美有联系,而且美也有自身的规律,这种规律是非常广泛的,在一定程度上就是美学本身的研究对象。因此,朱光潜说,马克思主义美学"首先从实践观点出发,证明了文艺活动是一种生产劳动,和物质生产劳动显示出基本一致性。在这种生产劳动中,人发挥人所特有的'本质力量'来改造自然,而人在改造自然之中也就在改造和提高他自己"〔1〕。又说:"把文艺看作一种生产劳动,这是马克思主义关于文艺的一个重要原则,……从生产劳动观点去看文艺,文艺同时又是一种实践的过程。"〔2〕

朱光潜对"美的规律"的解读具有鲜明的特点。首先,他强调了物质生产和精神生产的一致性;其次,他强调了人的生产的独特性和自由性;第三,他强调了美的规律的广泛性、丰富性和变动性,并把美的规律与人的整体的全面本质力量联系起来。与一般论者在讨论美的规律时计较各种尺度的论争相比,朱光潜突出了美的规律以及人的生产中的自由性和精神性,形成了自己的特点。

---

〔1〕 朱光潜. 朱光潜全集:第5卷. 安徽教育出版社,1996. 356.
〔2〕 同〔1〕. 70.

朱光潜解读《巴黎手稿》的另一个显著特点就是在论述劳动与艺术关系的时候,认为马克思实践观点的目的在于以人道主义为最高理想。也就是说,只有在共产主义社会,宗教、家庭、政权等上层建筑消亡,人才能恢复到人性即社会性的存在。朱光潜认为,这是马克思"从劳动出发考虑人与自然的关系所必然得到的结论"〔1〕。

朱光潜把人性同社会性统一起来,认为手稿和《政治经济学批判》"导言"的目的就是要恢复人性。朱光潜说:"马克思《经济学—哲学手稿》整部书的论述,都是从人性论出发,他证明人的本质力量应该尽量发挥,他强调的'人的肉体和精神两方面的本质力量'便是人性。……论证要使人的本质力量得到充分的自由发展。"〔2〕又说:"经过研究,我发现马克思主义有很高的学术价值,它不单不否定人的主观意志,而且以人道主义为最高理想。"〔3〕

朱光潜认为,马克思所说的"人性的"就是"社会性的",也就是非动物性的,即整体的全面的人的本质力量。整体的全面的人的本质力量不仅包括一般心理学意义上的五官感觉,还包括人的肉体和精神两方面的全部本质力量和功能。马克思是从人的生产劳动引申出人的社会性的,又从人的社会性中引申出人道主义和自然主义的统一这条原则。这一原则是贯穿手稿全部内容的红线。朱光潜认为,马克思联系人的社会性来谈人道主义和自然主义的统一,有两点互相联系的要义:第一,人之中有自然;第二,自然之中也有人。说人之中有自然,是因为自然是人的肉体食粮和

〔1〕 朱光潜.朱光潜全集:第5卷.安徽教育出版社,1996.426.
〔2〕 同〔1〕.392.
〔3〕 朱光潜.朱光潜全集:第10卷.安徽教育出版社,1996.653.

精神食粮的来源，是人的生产劳动的基础和手段；说自然中有人，是因为人本来就是自然中的一分子，更重要的是，经过人长期凭劳动对自然的加工改造，自然已经变成了“人化的自然”，成了人的本质力量的对象化，自然成了人发挥其本质力量的现实场所。因此，自然体现了人的需要、认识、实践、意志和情感。人不断地改造自然，就丰富了自然；人在改造自然之中也不断地改造自己，同时也就丰富了自己。这就是人与自然统一的全部含义，也是“人的彻底的自然主义和自然的彻底的人道主义”的含义。所以，朱光潜说：“马克思在这部手稿里既揭示了人与自然的统一和互相依存，又从历史唯物主义观点替人类大同的愿望建立了一个稳实的哲学基础。”[1]这里说的人道主义和自然主义的统一是指人要开发自然，要尽量把自然财富开发出来，在这个过程中，人把他的能力、他的本质也尽量发挥出来，达到主客观的辩证统一。因此，“只有达到了彻底的人道主义才能达到彻底的自然主义”[2]。

朱光潜对《巴黎手稿》以及马克思美学问题中实践观点的阐释是他实践美学思想的基础。他强调物质生产和精神生产的统一性并突出生产劳动的自由性和精神性，强调人道主义和自然主义的统一等等，其目的在于证明心物关系的不可分离性，两者不可偏废；其实质在说明主体（人）与对象（物），也就是心与物之间相互推进的关系。这与朱光潜强调人对世界的艺术掌握、美的意识形态性和美是客观与主观统一的观点是一致的。

---

〔1〕 朱光潜.朱光潜全集：第5卷.安徽教育出版社，1996.428.
〔2〕 朱光潜.朱光潜全集：第10卷.安徽教育出版社，1996.536.

第二节

人对世界的艺术掌握

朱光潜把一般哲学和美学研究中的直观观点和实践观点加以比较,从生产劳动和人对世界的艺术掌握方式两方面论述了马克思主义美学的实践观点。朱光潜从马克思1857至1858年的《经济学手稿》中找到了“用艺术方式掌握世界”的命题,从而把科学的理论的掌握方式与艺术的实践精神的掌握方式区别开来,精神生产在理论上获得了合理存在的地位。

所谓“用艺术方式掌握世界”,在朱光潜看来,包括三类因素:“首先是创造性的劳动,例如手工艺的活动;其次是专门性的艺术,例如音乐、舞蹈、图画等等;第三是对现实生活(自然、社会生活)起审美活动。”[1]可以说,艺术掌握涉及人在生产斗争与阶级斗争中的一切活动,涉及与人有关的一切现实现象。朱光潜认为,马克思在《经济学手稿》中指出了两种不同的掌握世界的方式:科学的理论的掌握方式和艺术的实践精神的掌握方式,而艺术的实践精神的掌握方式之所以不同于科学的理论的掌握方式,正在于它所对待的恰是现实世界的具体事物的整体。朱光潜不仅区别了科学掌握方式与艺术掌握方式,更重要的是他还指出了艺术掌握

〔1〕 朱光潜.朱光潜全集:第10卷.安徽教育出版社,1996.178.

方式和实践精神掌握方式的联系,也就是艺术审美活动起源于劳动或生产实践这个基本原则。

人开始劳动也就开始自觉地改造自然,使它更好地为自己个体和种族整体服务。在这种改造自然的过程中,人同时也在改造自己,提高自己对自然的认识和支配自然的能力。比如人和石头。本来人与石头同处在自然状态中,人还不能意识到自己与石头之间处于主体与客体的对立,人通过生产劳动去改造石头时,他就在意识中认识到自己是制造(实践)的主体,而石头是他的对象。也就是说,在生产劳动的过程中,人有了自我意识,同时也有了自己与他人关系的社会意识。这样,人类借助工具使自己的活动范围逐渐扩大到整个自然,随着活动范围的扩大,人类在生产方面和使用方面也就逐渐具有了社会的性质,他就可以逐渐摆脱肉体的直接需要的限制,进行广泛的物质生产乃至精神生产。在生产的过程中,生产实践不仅要依据主观方面的需要,还要依据客观方面的需要,生产劳动从而成为一种有目的性的自觉的活动。这就是"自然的人化","人的本质力量的对象化"。人在他的产品里看出自己的本质力量,肯定自己是一种种族的存在。这样,人与自然、主体与客体在历史发展中处于不断的矛盾和统一的反复轮转、相互促进中。

这个过程对于美学具有重要意义。朱光潜认为,在生产劳动中,"人在自己创造的世界里观照自己",这说明劳动创造正是一种艺术创造,艺术创造和劳动创造都有一个基本的原则:自然的人化或人的本质力量的对象化。在生产劳动的过程中,人们观照自己的产品,在观照之中产生看到了自己本质力量的喜悦,这就是通常所说的"美感"。朱光潜说:"劳动生产是人对世界的实践精神的掌握，同时也就是人对世界的艺术的掌握。在劳动生产中人对世界建立了实践的关系，同时也就建立了人对世界的审美的关系。一切创造性的劳动(包括物质生产与艺术创造)都可以使人起美感。人对世界的艺术掌握是从劳动生产开始的。”[1]在生产劳动过程中，人的个性和社会性是统一的，他的劳动产品既满足了个体的需要，也满足了别人的需要，体现了人作为社会人的本质属性。这也说明了美感的社会性。生产者不但从自己的产品中观照到自己的本质而感到喜悦，在欣赏别人的产品时同样可以感受到喜悦。这样个体就超越了动物状态中原始的狭窄的实用关系，建立了对世界的审美关系，个体也就超越了狭窄的实用需要而对世界采取审美的态度。

朱光潜认为，《巴黎手稿》中论述美感起源的一段话也就是在论述人对世界的艺术掌握的产生与发展。这里最基本的还是用劳动生产来改变世界的实践活动。第一，认识与实践的辩证关系，认识随着实践生成和发展，实践又随着认识生成和发展。第二，人与自然的辩证关系，人通过自然“对象化”他的本质，自然因此得到“人化”，二者互相依存，互相影响，而且彼此逐渐丰富起来。第三，由自然人到社会人的发展过程，通过理论和实践，使人的感觉力具有人的性质。第四，由单纯的自然到具有社会意义的自然的发展过程。这是人对世界的实践精神的掌握和艺术的掌握之间密切关联的地方。

同时，人对世界的实践精神的掌握与艺术的掌握之间也有区别。朱光潜通过一般物质生产劳动如何过渡到一般人所了解的艺

〔1〕 朱光潜.朱光潜全集：第10卷.安徽教育出版社，1996.197.

术创造以及艺术创造在历史发展中所经过的曲折变迁的论述说明了这个问题。

第一,人类在刚开始进行生产劳动的时候,从对世界的实践精神的掌握发展到艺术的审美的掌握,在这个阶段,劳动产品最初是生产工具和日用器具,最初形式的艺术是手工艺,所以审美性是次要的,实用性是主要的。这时候,艺术还不能充分自由地发挥、体现人的社会本质的作用。为了充分自由地表现人的本质,满足精神需要的一方面就需要提高到首要的地位乃至于独立的地位,满足物质需要的一方面就降到了次要的地位乃至于完全消失。这样,随着客观世界和人的主观世界的丰富性的日益展开,人们开始凭借抽象化和概括化的活动,把在生产实践中发现的一些引起美感的形式加以总结,得到一些抽象的"美的形式"。这些形式主要为了满足审美需求,带有独立性。

第二,艺术一开始就是社会意识的对象化,就是一种属于上层建筑的意识形态,反映当时的现实社会基础,即生产力与生产关系的发展。在资本主义以前欧洲文化的两大高峰时代,即雅典时代和文艺复兴时代,其经济基础是小生产方式,物质生产发展和文艺发展极度不平衡,艺术的掌握总是与宗教的掌握密切地联系在一起。

第三,到了资本主义时代,人对现实世界的实践精神的掌握方式和艺术的掌握世界的方式之间发生了深刻的矛盾。从积极方面看,资本主义的发展解放了生产力,生产达到空前的规模,人的本质力量得到了充分的发挥。但是,资本主义的异化劳动以及由此而起的资本主义私有制、货币和市场贸易却消解了它的积极作用,劳动异化的结果导致了人的"非人化",体力劳动和脑力劳动脱节,物质需要和精神需要脱节,劳动者和他所创造的世界以及人的社会本质脱节,人“失去了现实”,也“失去了自己”。正是这个缘故,劳动对于劳动者变成只是维持动物式生活的手段,“就既不是对世界的实践精神的掌握,更不是对世界的艺术的掌握了。……劳动从此就割断了它和艺术的长久的血缘关系了”[1]。这个时候,艺术也变成一种商品,终于走上了颓废的道路。

第四,在共产主义社会,异化劳动被消除,劳动成为每个人的生活需要,个体借劳动来实现自己的全面发展和解放,劳动成为真正自由的表现,劳动又恢复到成为人对世界的艺术掌握,又成为一种广义的艺术创造活动。在这种情形之下,人才真正成为“完全人”,才有真正的个性和真正的自由,才真正地成为自己的主宰,人的本质力量得到自由体现,个人与社会真正统一了起来。人在他的劳动中证实他是历史的创造者和艺术的创造者,艺术也成为每个人在实现全面发展过程中一个不可缺少的组成部分。

由此可见,朱光潜论述了人对世界的实践精神的掌握与艺术的掌握之间辩证统一的关系,考察了人与自然、个人与社会、认识与实践的对立统一关系。这就把美学从过去单凭主观幻想或单凭模糊概念,只看孤立的静止面的形而上学的泥淖中拯救了出来,把它放在了坚实的唯物辩证的基础上和人类文化发展史的大轮廓里,以全面、发展的观点去看艺术的外在联系、内在本质和发展规律,并把艺术看做人改造自然也改造自己的生产实践活动的一个必然组成部分。

---

〔1〕 朱光潜.朱光潜全集:第10卷.安徽教育出版社,1996.209.

第三节

美的意识形态性质

与人对世界的艺术的掌握相关的一个重要问题是美的意识形态性质。这是朱光潜实践美学的组成部分。朱光潜强调美的意识形态性质有民族性、时代性和阶级性。意识形态是反映社会基础的,因此肯定美的意识形态性也就肯定了美的客观现实基础,也就是"主客观的统一"。在朱光潜看来,艺术从诞生之日起就是社会意识的对象化,就是属于上层建筑的意识形态,而艺术是美的集中体现,因此"美必然是意识形态的"〔1〕。又说:"作为艺术的一种特性,美是属于意识形态的,只有这个意义的美才是美学意义的美,也只有这个意义的美才表现出矛盾的统一,即自然性(感觉素材、美的条件)与社会性(意识形态、美的条件)的统一,客观与主观的统一。"〔2〕这是说,美作为一种性质,是意识形态的性质,而不是客观存在的性质;说美不是一种客观存在,就是说美不是第一性的而是第二性的。

朱光潜在批评当时美学界简单而不加分析地机械套用列宁的反映论的时候,提出了美的意识形态性质的问题。朱光潜认为,美

〔1〕 朱光潜.朱光潜全集:第5卷.安徽教育出版社,1996.113.
〔2〕 同〔1〕.80.

是一种意识形态，而意识形态作为一种反映，是一种复杂而曲折的反映。艺术作为意识形态，其反映可以说是折光的反映，对事物往往有所改动甚至于歪曲。与一般的感觉或科学式的反映相比，艺术的反映受主观方面意识形态总和的影响，对所反映的事物有所改变甚至于歪曲；科学式的反映相对来说不大受意识形态的影响，基本上是对事物的正确反映。所以，朱光潜强调对科学的反映和艺术的或审美的反映应作区别处理。

与强调美的意识形态性质相联系，朱光潜对当时学界忽视主体主观能动性的倾向提出了批评，把审美活动中的主观能动作用与美的意识形态性质联系起来考察，并认为列宁《哲学笔记》在谈认识论的时候就强调了意识的能动性。

朱光潜认为自然人化与人的本质力量对象化就是在强调主观与客观的统一，马克思并不否认人的意识的主观能动作用的价值，因此朱光潜批评了机械唯物论者把客观绝对化、以客观吞并主观的极端做法。与康德以主观吞并客观的主观论不同，朱光潜既强调主客体之间的区别，也强调了主客体之间的辩证统一，认识和实践活动是客观与主观统一的条件。他说："人是'主体'，外在世界是'客体'或'对象'，就主体方面来看是'主观'，就客体方面来看是'客观'。因此，意识和一般心理方面的现象是主观的，意识所接触的外在世界是客观的。主观与客观之中有明显的对立性，这是不容否认的。但是把它们看成绝对对立，互不相容，这就是形而上学的看法。……认识可以说是客观存在决定主观意识，实践可以说是主观意识影响客观存在。"〔1〕

---

〔1〕 朱光潜. 朱光潜全集：第5卷. 安徽教育出版社，1996. 72.

关于社会意识形态与艺术和艺术美的关系，朱光潜的认识有个发展过程，也牵涉到反映论的问题。在1957年发表的《论美是客观与主观的统一》一文里，朱光潜认为艺术或美感的反映要经过两个阶段："第一个是一般感觉阶段，就是感觉对于客观现实世界的反映；第二个是正式美感阶段，就是意识形态对于客观现实世界的反映。"[1]朱光潜认为，列宁的反映论只适用于第一个阶段，而不能适用于第二个阶段，在第二个阶段要用马克思主义关于社会意识形态的原则。到1961年，朱光潜认为这种看法是"极端错误的"[2]。第一，把感觉阶段割裂开来，违反了感性认识与理论认识相统一的原则，反映论应该适用于整个反映过程。其次，列宁的反映论正是发展马克思和恩格斯的意识形态的学说，而且列宁把反映论应用到文艺领域里，也正是指社会意识形态的反映。这样，朱光潜就把反映论和社会意识形态学说与美联系了起来，考察了美感的形成以及美的社会意识形态性质。

朱光潜认为，否定美的社会意识形态性质会有把美加以实体化、绝对化和形式化的后果。他说："说美不受意识形态的影响，就不但等于说美是超时代、超阶级、超世界观和人生观的，而且也等于说，文化历史传统对艺术的美不起作用。这也就是等于把美加以绝对化，仿佛世间原有一种一成不变的独立自在的美，只有美感可变迁，而美是不可变迁的。"[3]朱光潜认为李泽厚、洪毅然等人的美学都有这种倾向。朱光潜强调美的意识形态性，而意识形态千变万化，美的这个性质就可以适用于千变万化的具体审美情

---

〔1〕 朱光潜. 朱光潜全集：第5卷. 安徽教育出版社，1996. 67.

〔2〕 朱光潜. 朱光潜全集：第10卷. 安徽教育出版社，1996. 295.

〔3〕 同〔1〕. 119.

境，既可以适用艺术美，也可以适用自然美；既可以适用于欣赏，也可以适用于创造。这是美的总规律，也与“美是客观与主观的统一”的观点统一了起来。

朱光潜对美的意识形态性质的强调实质上是想把政治与学术分开，保持学术的纯粹性。这里牵涉到朱光潜对上层建筑与意识形态之间关系的认识。朱光潜并不反对上层建筑除政权、政权机构及其措施之外，也可以包括意识形态或思想体系，但朱光潜“坚决反对在上层建筑和意识形态之间划等号，或以意识形态代替上层建筑”〔1〕；在上层建筑内部，包括政治、法律、哲学、宗教、文学、艺术等，它们之间相互影响，都反映一定历史阶段的经济基础以及与之相适应的社会生活。这样，艺术作为意识形态的一种就可以具有自己独立存在的价值，与上层建筑之间也保持了一定的距离，以艺术为研究中心的美学也就具有了独立的地位。这个问题实际上也就是学术与政治之间关系的问题。在20世纪80年代，朱光潜说：“我当时提出这个问题，还有一个要把政治与学术区别开来的动机。我把这个动机点明，大家就会认识到这个问题的重要性。”〔2〕这也是当时美学大讨论能够在一定程度上保持学术性的一个重要原因。

---

〔1〕 朱光潜. 朱光潜全集：第6卷. 安徽教育出版社，1996. 33.
〔2〕 朱光潜. 朱光潜全集：第5卷. 安徽教育出版社，1996. 339.

第四节

“物甲”“物乙”说与主客统一论

“物甲”“物乙”说是朱光潜在批评蔡仪的美学观点时提出来的。他针对蔡仪所认为的“美纯粹是客观的,即纯粹是自然性的,没有丝毫主观性,也没有丝毫社会性”[1]的看法,认为蔡仪“没有认清美感的对象,没有在‘物’与‘物的形象’之中见出分别,没有认出美感的对象是‘物的形象’而不是‘物’本身”[2]。这里“物”就是指“物甲”,“物的形象”就是指“物乙”。“物乙”是“物甲”在人的既定的主观条件(如意识形态、主观情趣等)影响下反映于人的意识的结果。在这个反映的基础上,“物甲”是第一性的,“物乙”是第二性的,“物甲”是自然物,“物乙”是物甲的客观条件加上人的主观条件的影响而产生的,已经是社会性的物了。美感的对象不是“物甲”而是“物乙”。美学所研究的是“物乙”,“物甲”则是科学研究的对象。

可见,朱光潜这时力求从感性物质的历史性实践出发去寻求“物甲”转化为“物乙”的基础条件,也就是审美形象形成的条件和根源。“物甲”“物乙”说在理论上指出了审美活动与认识活动的本质差别,把人们日常审美经验中感受到的物的形象进行深度的

〔1〕 朱光潜. 朱光潜全集: 第5卷. 安徽教育出版社,1996. 43.

〔2〕 蔡仪. 评《论食利者的美学》. 人民日报,1956-12-1.

理论阐释，把物的客观条件和人的主观心理内容统一起来，使审美主体的心理内容在美感形成过程中的重要作用获得了肯定。因此，“物甲”“物乙”的理论不仅驳斥了蔡仪机械唯物论美学的观点，而且还对朱光潜苦于无法解决的心物关系问题作了一次尝试性解决：第一，朱光潜通过承认“物甲”第一性、“物乙”第二性摆脱了黑格尔、克罗齐等人总是把心灵视为世界的最后本体的哲学立场的束缚；第二，他通过指出人的审美对象是“物甲”的客观条件和人的主观条件相互作用的产物，肯定了审美要有主体的介入，在相当程度上保留了审美活动的主体性。因此，朱光潜通过“物乙”含有人的主观情趣、是客观与主观的统一体，确认了人的主观能动作用，从而，审美与艺术作为自由意识的集中代表，在实践内部必然具有能动的职能作用，因而物质生产与精神生产就具有了内在的统一性，实践作为人改造世界以实现自由的活动就具有了突出的自觉意识性即主体性；在此基础上，作为精神实践的审美活动就获得了合理存在的意义。

在具体的审美活动中，实践活动是“物甲”向“物乙”转变的基础，这就把美的形成奠定在了实践的基础上。朱光潜说：“这样看来，美就不是孤立物的静止面的一种属性，而是人在生产实践过程中既改变世界又从而改变自己的一种结果。发现事物美是人对世界的一种关系，即审美的关系。”[1]因此，朱光潜自然地得出“美是客观与主观的统一”的结论。

在《论美是客观与主观的统一》一文里，朱光潜首先批判了蔡仪、李泽厚的美学观点，并对自身过去的唯心主义美学思想作了检

〔1〕 朱光潜.朱光潜全集：第10卷.安徽教育出版社，1996.190.

讨,得出了“美是客观与主观的统一”的结论:“美是客观方面某些事物、性质和形状适合主观方面意识形态,可以交融在一起而成为一个完整形象的那种特质。”〔1〕作为美学研究的中心对象,在美感活动阶段起作用的因素异常复杂,一些客观的因素只有通过主观才可以起作用,如果取消了主观,客观的意义也就被取消了。

朱光潜的主客统一论强调了主体的主观能动性和创造性,艺术和审美的反映可以对现实有一定程度的改变。他说:“在反映过程中,主观世界与客观世界由于对立而发生着矛盾,须经过一番斗争以及这斗争的克服,才达到统一,这里克服矛盾的方式不是机械的,而是要发挥主观能动性和创造性的。应用到艺术活动与审美活动上,反映虽根据现实,但由于主观能动性和创造性(社会意识形态,文艺修养和创作劳动等)发挥了作用,却对现实有所改变,而不是被动地抄袭;反映的结果是现实而又不只是原封不动的现实。”〔2〕

同时,朱光潜关于“自然美”的看法可以很好地说明美是主客观统一的问题。他说:“人不感觉到自然美则已,一旦感觉到自然美,那自然美就已具有意识形态性或阶级性。换句话说,人的意识形态性或阶级性在那感觉过程中便与自然景物由对立而统一,这统一体反映了自然,也表现了他自己,美就在这个统一体上。”〔3〕又说:“人在觉得自然美时,那自然里一定有人自己在内,人与自然必然处于统一体。”〔4〕因此,自然美的问题也就是自然的人化或

〔1〕 朱光潜.朱光潜全集:第5卷.安徽教育出版社,1996.80.
〔2〕 朱光潜.朱光潜全集:第10卷.安徽教育出版社,1996.293.
〔3〕 同〔2〕.222-223.
〔4〕 同〔2〕.225.

人的本质力量对象化的问题。人在进行生产劳动成为社会的人的同时就在自然上面打下了人的烙印，自然变成了人化自然；同时，人的活动也不能脱离自然，自然里面也有人。自然毕竟“对象化”了人的本质力量，人里面也有自然。人与自然相互依存、相互渗透、相互转化。这一原则也适用于审美过程。美不但是客观世界的反映，同时也是主观世界的反映，是主客观的统一。

因此，在具体的艺术和审美过程中，要把主体作为“整体的有机的人”来看，这样才能实现主体精神在审美实践中的能动作用。再者，美是客观与主观的统一，其具体的内容是指要把以下四种因素结合起来：

第一，作为有生物机能的有机体的人（生理基础）；

第二，作为有历史传统和社会意识形态的社会的人（社会基础）；

第三，作为单纯物质及其运动的自然事物（自然的自然性）；

第四，作为具有社会意义和功用的自然事物（自然的社会性）。

这就是说，在艺术和审美的活动中，在人对现实反映的过程中，他所运用的不仅是有机体的生物机能，尤其重要的是社会人的社会意识形态和文化遗产；同时，自然也不是赤裸的物质的堆积和偶然现象的流转，它一直就是人的生活资料，是“人化的自然”，它在引起人的反应的时候，呈现于人的不仅是物质及其运动，更重要的还有它对人的社会意义。这样，在具体的艺术和审美活动中，上面四个要素是紧密结合起来的。朱光潜所主张的“主客统一”就是要把上述四个因素结合在一起来看艺术和美。所以朱光潜说：“我想全面看问题，不孤立某一片面因素去进行抽象的（即形而上学的)思考;我也想从发展看问题,不把主体和客体既割裂成片面,又只看它的静止面。"[1]

朱光潜的主客统一论是在深入研究马克思《巴黎手稿》之后形成的。他说:"马克思的《经济学—哲学手稿》中的思想就是主客观统一的思想。……人凭生产劳动改造自然,在改造自然的过程中更清楚地认识自然,同时改造自己。"[2]朱光潜在阐释《巴黎手稿》的时候就强调人与自然的统一,也就是在强调主客观的关系问题。朱光潜认为,马克思主义总是把主体和对象看成统一体,就是要从实践出发,先有实践后有认识,劳动是其基础。这个劳动是有目的的,一是人们改造自然,扩充物质财富;一是人们改造自己,扩充他来自实践的认识。所以,人同自然的关系也就是主观同客观的关系。因此朱光潜说:"马克思主义理解现实,既要从客观方面去看,又要从主观方面去看。客观世界和主观能动性统一于实践。所以在美学上和在一般哲学上一样,马克思主义所用的是实践观点。"[3]

这时候朱光潜所说的"主观"与他早期思想中的"主观"相比已经发生了质的改变。他联系艺术的意识形态性质说明美的主观性是社会意识形态的属性,而不是自然物的自然属性,必然有它的现实世界的客观基础和主观意识。同时,人在客观现实中发现美,也还是意识形态在起作用,个体的世界观、人生观、阶级意识等因素也在起着作用,不同时代、不同民族、不同阶级的人对美感的形成也起着不同的作用。从这个角度看,美也是主观与客观的统一。

〔1〕 朱光潜. 朱光潜全集:第5卷. 安徽教育出版社,1996. 131.
〔2〕 朱光潜. 朱光潜全集: 第10卷. 安徽教育出版社,1996. 535.
〔3〕 同〔2〕. 188.

朱光潜说:“真善美都是人所定的价值,不是事物所本有的特质。离开人的观点而言,事物都浑然无别。”[1]又说:“我把自己的意蕴和情趣移于物,物才呈现我所见到的形象。我们可以说,各人的世界都是由各人的自我伸张而成。”[2]朱光潜的这一观点在当时中国美学界是一种全新的观点。他把美放在心与物的关系上进行考察,从根本上避免了美完全在物或美完全在心的观点,这样就可以在理论上较好地解决具体的美学问题和审美现象。

朱光潜说:“我认为美是反映的结果,是主客观统一的结果,自然界虽必具有美的客观条件,而这反映结果的美,由于是主客观的统一,不能说在反映以前就已存在(尽管美的客观条件已经存在)。”[3]这说明朱光潜的实践美学思想基本上还是反映论和认识论。但是,朱光潜对实践主体的建构和对审美主体的维护使其美学也蕴含了一些新因素,具有突破反映论和认识论的潜质。一方面,在“左”倾教条主义与机械唯物主义的控制下,中国大陆20世纪五六十年代的美学讨论所包含的多重哲学框架仅是唯心论与唯物论的外在对立,甚至形成了“主观恐惧症”的集体症候;另一方面,在西方,发源于苏格拉底、柏拉图时期的心物关系抽象凝固为外在对立,在中世纪神学世界里达到极端形态,近代的唯心论哲学的总目的就是调和心物冲突,打消二元论,取消物质的存在,证明心灵活动就是唯一真实的世界。事实证明,机械和教条的唯物论在消解心物二元对立的道路上走向了形而上学,主观唯心主义者把心灵活动看做是唯一的真实世界的看法也最终失败。所以,

〔1〕 朱光潜.朱光潜全集:第5卷.安徽教育出版社,1996.22.
〔2〕 同〔1〕.22-23.
〔3〕 朱光潜.朱光潜全集:第10卷.安徽教育出版社,1996.308.

在这一时期，能够超出机械唯物论、调和主客观而进入实践论层面的就是朱光潜的精神实践论美学。虽然朱光潜的精神实践论美学由于未在实践论基础上落实物质生产和精神生产之间的机制结构，有面临着架空精神实践主体重蹈唯心论的危险，但是随着人类生存境况及其所带动的现代实践本体论哲学背景的迁移，中国大陆的美学研究越来越把朱光潜的精神实践论美学作为中心课题。

第八章

蒋孔阳的实践创造论美学

蒋孔阳的实践创造论美学继承和发展了马克思主义的实践美学观。这是以审美关系为出发点,以实践论为哲学基础,以创造论为核心的审美关系论美学观。蒋孔阳从人与世界的审美关系界定美学,研究美学的实践特征。这种美学理论是以人为中心,以艺术为主要对象,以人生实践为本源,以审美关系为出发点,以“创造—生成”观为指导思想和基本思路的理论整体。在理论体系方面,实践创造论美学充分体现了蒋孔阳开放、包容的治学特点和学术品格。在具体的研究中,蒋孔阳既注重温故而知新的历史研究,又强调自己独特的感受和理解。这就使得他的实践创造论美学能融会贯通、兼采众家之长而又独具慧识、自出手眼。

第一节 实践论

蒋孔阳的实践创造论美学从20世纪60年代开始发萌,经过七八十年代的酝酿而形成于20世纪90年代初。充分体现他多年美学研究结晶的集大成之作《美学新论》,系统、全面、深刻地展现了实践创造论美学的理论体系,体现了包容性、开放性、发展性等方面的特征。

早在20世纪五六十年代的美学大讨论中,蒋孔阳的美学思想里就有了实践观的萌芽。在1957年发表的《简论美》中,蒋孔阳就明确提出:“马克思列宁主义的美学,既不是从人的主观心灵来探求美,也不是从物质自然属性来探求美,而是从人类社会的生活实践来探求美……就美感的源泉与审美的对象来说，就不是与人无关的一般的自然界，而是人在劳动的过程中，按照自然的规律所改造了的自然界。这种自然界是'人化'了的，它'实践地形成人类生活和人类活动底一部分'，从而'客观地揭开人的本质的丰富性'，变成了人的现实。"[1]在1959年，蒋孔阳又进一步说："我们说美是社会的，那意思就是说，美是人们在社会生活实践过程中所创造出来的。"[2]这些强调实践和创造的思想，到20世纪80年代得到了蒋孔阳更为系统和深入的阐释，从而把创造美学建立在了以实践为核心的唯物史观的基础之上，建立了有自己特点的实践创造论美学。

在对实践内涵的理解上，蒋孔阳与李泽厚所理解的狭义实践观不同，而与朱光潜等人的实践思想一致。蒋孔阳主张，物质和精神的劳动同样都可以创造美。他强调艺术创造的核心地位，把精神生产也作为一种实践，甚至审美活动本身也是一种实践。在蒋孔阳看来，实践活动不仅产生了人与世界的认识关系和道德伦理关系，而且还产生了人与世界的审美关系，并在与其他关系的比较中发现审美活动和审美关系的本质属性。因此，实践应该是人类的各种有意识的活动的总和，而不应该只是狭义的物质生产活动；实践不仅包括物质生产活动，也包括精神生产活动；既包括物质性的工具实践，也包括行为性的伦理实践，更包括精神性的审美实践。所以他主张："劳动所创造的，不仅是物质的产品，而且也是劳动者的思想和感情、聪明和智慧等这样一些人的本质力量的

---

〔1〕 蒋孔阳. 简论美. 学术月刊，1957(4).

〔2〕 蒋孔阳. 蒋孔阳全集：第3卷. 安徽教育出版社，1999. 542.

实现。”[1]

与对实践内涵的理解相关，蒋孔阳认为，人类自由的物质生产劳动和精神生产劳动是美的根源。同时，与一般论者不同，蒋孔阳还认为，异化劳动也能创造美。这首先是因为异化劳动仍然是人类的劳动，也体现了人类劳动的特点，能按照预定的目的生产出一定的产品来，并且创造出美的产品。其次，异化劳动对于美的创造也提供了一些积极的条件，如体力劳动和脑力劳动的分工带来了艺术的发展。三是异化劳动与自由劳动有时很难绝对地分开，奴隶的劳动虽然是异化的，但在他所劳动的范围内，却有劳动的自由；有时候，精湛的艺术品是异化劳动与自由劳动共同创造的，如园林与建筑。四是异化劳动从反面刺激和促进了文学艺术和美的发展，如“愤怒出诗人”，如反异化作品对异化劳动的谴责、揭露和批判等。

蒋孔阳同时指出，自由劳动与异化劳动虽然都可以创造美，但异化劳动创造美与自由劳动创造美还具有不同的特征，在某种程度上，异化劳动创造的美还体现出对人及其本质的破坏。所以蒋孔阳说：“第一，我承认异化劳动能够创造美；第二，异化劳动与人类的自由劳动毕竟不同，它创造美的工作受到了不同程度的破坏和阻碍。”[2]这种对异化劳动与美的关系的看法具有很强的辩证性和包容性，并突出了人在各种实践过程中的审美创造性精神。

---

〔1〕 蒋孔阳. 蒋孔阳全集：第3卷. 安徽教育出版社，1999. 633.
〔2〕 同〔1〕. 230.

第二节

创造论

在实践的基础上，蒋孔阳还提出"美在创造中"的观点，将审美活动视为"恒新恒异的创造"[1]。他从马克思主义的实践观点出发，以主客体之间的审美关系为基础，兼采众长，从历史和逻辑的角度加以论证，提出了独树一帜的"多层累的突创"说，不仅解释了美的形成和创造的缘由，而且揭示了审美意识历史变迁的基本规律。

他说："所谓多层累的突创，包括两方面的意思：一是从美的形成来说，它是空间上的积累和时间上的绵延，相互交错，所造成的时空复合结构。二是从美的产生和出现来说，它具有量变到质变的突然变化，我们还来不及分析和推理，它就突然出现在我们面前，一下子整个抓住我们。"[2]他所说的"多层累"，指从多个层次和侧面来探讨美的形成和创造，包括"自然物质层"、"知觉表象层"、"社会历史层"、"心理意识层"，综合吸取了蔡仪的"客观说"、朱光潜的"主客观统一"说和李泽厚"积淀说"的一些合理成分，同时更加强调了突创性。蒋孔阳的"多层累的突创"说受到了马克思主义的由量变到质变、质量互变规律的影响。这种由渐而

---

〔1〕 蒋孔阳. 蒋孔阳全集：第3卷. 安徽教育出版社，1999. 147.

〔2〕 同〔1〕. 148.

顿，由量变到质变的过程具有着突发性和创造性的特点，蒋孔阳将其比喻成“像母鸡孵小鸡一样，不是一脚一爪地逐步显露出来的，而是一下子突然破壳而出”[1]，强调了审美过程中主体的创造性。这种突创表现在我们对美的感受过程中，带有直觉的突然性、感受的完整性、思想感情的集中性和想象的生动性等特点，是对审美活动丰富性、多层次性的一种辩证描述。审美活动本身就是一种创造性的活动，主体与客体的关系永远处于恒新恒变的状态中，因此，美也处于不断的创造过程中。他把美看成是一个“开放性的系统”，一个“恒新恒异的创造”的过程，强调了审美活动中主观的能动创造性，并且具体深入地揭示了审美创造的丰富性和复杂性，包括个体的个性特征、心理素质和文化素养，特别是在具体的审美活动中主体的处境和精神状态。因此，蒋孔阳的“美在创造中”的命题突破了传统的本质主义和认识论美学观的思路、方法，已经开始弥合主客二分的思维模式。

蒋孔阳认为美是“一种客观存在的社会现象，它是人类通过创造性的劳动实践，把具有真和善的品质的本质力量，在对象中实现出来，从而使对象成为一种能够引起爱慕和喜悦的感情的观赏形象”[2]。这就把美、美学与人的实际生存理想和艺术实践联系了起来，实践创造论美学也得以展开了。所以蒋孔阳说：“我们应当把美看成是一个开放性的系统，不仅由多方面的原因与契机所形成，而且在主体与客体交相作用的过程中，处于永恒的变化和创造的过程。”[3]

---

〔1〕 蒋孔阳.蒋孔阳全集：第3卷.安徽教育出版社，1999.158.
〔2〕 同〔1〕.631.
〔3〕 同〔1〕.147.

蒋孔阳突出强调了人在审美活动中的主动创造性，把实践论与创造论结合了起来；而且，在实践基础上的创造性品质突出了人在世界之美中的中心地位，强调人是美的中心和主体，在一定程度上具有生生不息、与人类审美生存息息相关的发展品质。这为实践创造论美学向实践存在论美学的发展培植了根基，提供了可能。

第三节

审美关系论

蒋孔阳实践创造论美学的突出特点，是把人与现实的审美关系作为美学研究的出发点，这不同于以往的美学学派或以美（美的本质）或以美感（审美经验）作为研究的出发点，而是尝试着突破主客二分和形而上学的思维方式，力求贯彻马克思主义的唯物辩证法，从实践的角度深刻地揭示出美学的基本规律。

审美关系说最早由狄德罗提出，但是狄德罗的审美关系说还是旧唯物主义的反映论观点，他没有认清人、自然、社会以及它们自身各要素之间的辩证关系及其与美的创造之间的辩证关系，他也很少从社会发展变化的角度来探讨审美关系的属性与美的生成之间的关系。蒋孔阳的审美关系说很好地解决了这些问题。他以人的物质生产实践和精神生产实践为基础，把审美关系放在动态的实践过程中加以把握和理解，探讨实践活动中的审美关系与美的生成的各种问题，并以之为美学研究的出发点和中心环节，具有辩证性和灵活性。因此，蒋孔阳的这种以实践为基础的动态审美关系，超越了狄德罗的旧唯物主义的关系论，强调作为社会化的人的审美实践活动与美及美学各基本问题之间的内在联系，是一种十分周密和完善的学说。

蒋孔阳审美关系思想的建立是从阐释人与现实的各种关系开始的。他认为：“在人对现实的一切关系中，最根本的不是审美关系，而是实用关系。”〔1〕又说：“人对现实的一切关系，都是以人的需要为轴心，以人的实践为动力，以物的性质和特性为对象，各种关系之间相互交错和影响，形成了整个人类社会的历史和现实生活，审美关系也不例外。”〔2〕蒋孔阳认为马克思主义的划时代意义是从人与自然的关系中全面地研究人，并特别指出关系对人的意义，包括人与自然的关系、人与人的社会关系。而“无论作为关系主体的人，或是作为关系客体的现实，以及它们所构成的关系，都既不是简单的，也不是固定不变的。它们都各自具有多层次的结构，多方面的变化”〔3〕。这就能从关系的各个环节入手进行细致的辨析：作为关系主体的人是自然性、物质性与社会性、精神性的统一，是在一定历史条件下具有丰富、复杂内容的个性化的主体；而作为关系客体的现实，则包括自然界、人与自然的关系所制造出来的各种产品、人与人的关系所产生的各种社会现象和人类的各种精神产品；主体和客体都是如此的丰富复杂，它们之间的关系则更丰富复杂了。因此，这一切关系，以人的需要为轴心，以人的实践为动力，以客体特性为对象，相互交错影响，形成了整个人类社会的历史和现实生活。在感性实践的基础上生成的人与现实的关

〔1〕 蒋孔阳. 蒋孔阳全集：第3卷. 安徽教育出版社，1999. 8－9.

〔2〕 同〔1〕. 733.

〔3〕 同〔1〕. 5.

系多种多样，具有不断发展的性质和基础地位。马克思说："这种连续不断的感性劳动和创造、这种生产，正是整个现存的感性世界的基础。"[1]因此，在实用、认知关系的基础上，主体可以超越物质对象本身的局限，超越直接的利害关系，从具体的感性形象本身获得愉悦，并激发主体的情感和想象力对对象进行创造性体验，同时构成主客体之间的审美关系。

正是在对人与现实种种关系考察的基础上，蒋孔阳认为审美关系是在人类长期的实践过程中逐渐从实用关系、认知关系中分化、独立出来的一种人对现实的关系，进而界定了审美关系的四个本质属性：① 审美关系的建立以人的感性为基础，通过人的感觉器官与世界建立起来；② 审美关系是人与世界的一种自由关系，虽然受到种种限制，却常常能使主体从这些限制中解放出来，获得自由；③ 审美关系是人对现实的整体的全面的关系，可以使人的本质力量得到展开和凸显；④ 审美关系是人对现实的一种情感关系，人的理智和意志等因素都要转化为情感与现实发生关系，并获得全面展开。这四点规定就把审美关系与其他关系区别了开来，使审美关系在人与现实的关系中获得了自身独立的地位，既与其他关系相联系，又具有自己的特性。审美关系作为现实关系中的一种，是通过感官来建立的，是自由的，也是人作为整体与世界发生的关系，从中全面展开人的本质力量，最终化为一种情感的关系。在审美关系中，主体超越了客体对象的物质束缚，也超越了主体自身的局限，在与外界感性形象的融合中进入自由的审美境界。

审美关系是贯穿实践创造论美学的一条红线，充分体现了蒋

---

〔1〕 马克思恩格斯选集：第1卷. 人民出版社，1997. 77.

孔阳美学思维方式的辩证性。他强调主体、客体、主客体关系三者的变动性、复杂性和丰富性,把它们置于原生态的审美关系的背景中去。在审美关系中,作为关系主体的人和作为关系客体的现实以及它们所构成的关系,都不是简单的、固定不变的,而是都各自具有多层次的结构、多方面的变化的。这是因为,作为主体的人既具有物质性、自然性,也具有历史性、社会性和精神性;作为客体的现实,是自然以及人与自然关系所有产品的集合体,也是丰富的、多层次的;这两者结成的审美关系,在这两者的基础上把各自的因素和条件相互交织在一起,具有更加多彩、丰富的内容。这样,审美关系说就说明了人与现实审美关系的无限丰富性、多样性和复杂性。

审美关系说已经显示出蒋孔阳突破主客二分的思维方式的努力。他说:"人对现实的审美关系的特点也不是固定的、形而上学的。随着人对现实的审美关系不断地变化和发展,大千世界的美的东西,也不断地变化和发展。"[1]这就把审美对象和审美主体统一到具体的审美关系中去,从中强调美的动态、历史生成的特点;同时又强调了审美的主体、客体和主客体关系的变动性和发展性,并把三者放置于人与现实的审美关系之中。这就突破了实践论美学和认识论美学的僵化属性和静止的特点,颠覆了主客二分和形而上学的思维模式。当然,强调主客体的统一不代表主客不分,主客本来就确实是分的,但这种分又不是在强调对立,是分中的统一,是通过实践建构的动态的审美关系。

〔1〕 蒋孔阳.蒋孔阳全集:第3卷.安徽教育出版社,1999.16.

第四节 实践美感论

在论及美感问题时，蒋孔阳有一个总的概括："如果说，美是人的本质力量的对象化，是人的本质力量在客观对象上的自由显现，那么，美感则是这一本质力量得到对象化或者自由显现之后，我们对它的感受、体验、观照、欣赏和评价，以及由此而在内心生活中所引起的满足感、愉快感和幸福感，外物的形式符合了内心的结构之后所产生的和谐感，暂时摆脱了物质的束缚后精神上所得到的自由感。"〔1〕蒋孔阳强调应把美与美感作为构成审美关系的相反相成的主客体双方来把握，两者在现实的实践中同时诞生、同时存在而又相互创造、互为因果，这就突破了美感研究的认识论框架。所以蒋孔阳说："美和美感都是人类社会实践的产物。在实践的过程中，它们像火和光一样，同时诞生，同时存在。"〔2〕

蒋孔阳从马克思主义的实践论出发，把美感看成是社会历史实践的产物。他认为在审美活动中，"这种心理上的满足和精神上的享受，决不是自然的秉赋，而只能是在社会历史实践的过程中，经过世代积累，所诞生和形成起来的人之所以为人的特殊的本

〔1〕 蒋孔阳. 蒋孔阳全集：第3卷. 安徽教育出版社，1999. 269.
〔2〕 同〔1〕. 270.

质力量"[1]。这种对审美心理的社会历史实践过程中的积累,正是美的产生和创造中的多层累的基础。因此,他说:"人通过制造和使用工具的劳动实践,把主体的意识如目的、愿望、聪明、才智等,灌注到客体的对象中去,从而使对象成为主体意识的自我实现,或者对象化。就在这对象化的同时,人观照和欣赏到自我的创造,感到了自我不同于动物并超越动物的本质力量。这时,他所得到的,不仅是物质实用上的满足,同时也是心理上和精神上的满足。于是,美感就诞生了。"[2]

蒋孔阳从"美感的诞生"、"美感的生理基础"、"美感的心理功能"、"美感欣赏活动表层的心理特征"、"美感欣赏活动深层的心理特征"和"美感教育与人的心理气质和精神面貌的转移"各方面详尽探讨了美感的形成过程和多层结构,由此得出结论,认为美感和美一样,也是永远处在发展变动中的,没有终止,并随着人类实践活动的发展不断向更高的阶段发展。蒋孔阳说:"只有当人类制造的工具进一步发展,提高了征服自然的能力,从自然的必然中逐步解放出来,超越了自我的限制和自然的限制,这时,他方才能够把生命的创造力量和本质力量,自由地在客观对象中展现出来,既感到了自我与外界的和谐,又感到了自我的解放和自由。只有这时,他们的美感才不仅是满足感、愉快感和幸福感,而且同时还是和谐感和自由感。这是美感发展的最高阶段。只有充分发展了的人,也就是真正自由了的人,才有这样的美感。"[3]又说:"美感的诞生,可能有一个起点,但从历史发展的观点来看,它却没有终

〔1〕 蒋孔阳.蒋孔阳全集:第3卷.安徽教育出版社,1999.272.
〔2〕 同〔1〕.273.
〔3〕 同〔1〕.277.

点。它像长河一样,永远向前流去。"[1]可以说,蒋孔阳一以贯之的辩证的创造生成论思想使他对美感的研究得到极大的深化和发展,深刻揭示了美感的多样性、丰富性、复杂性、动态性以及美感心理活动的矛盾性。

总之,蒋孔阳沿着自己20世纪50年代的思路,强调创造,强调人在实践中创造美的主动性和主体性,超越了那种认为美是现成的、凝固的本质。美的自然物质层、知觉表象层、社会历史层和心理意识层四个层次的交相结合,解释了美的突然创造的直觉突然性、感受完整性、情感的集中性和想象的生动性。因此,美既有内容又有形式,既是客观的又是主观的,既是物质的又是精神的,既是感性的又是理性的,既是逻辑的又是生成的,也就是多层累的突创。

第五节

人的本质力量的对象化

蒋孔阳坚持和维护美是"人的本质力量对象化"的观点,认为"美离不开人,因而美的本质离不开人的本质","人的本质转化为具体的生命力量,在'人化的自然'中实现出来,对象化为自由的形象,这时才美"[2]。对于"人的本质力量"的理解,蒋孔阳基于

〔1〕 蒋孔阳.蒋孔阳全集:第3卷.安徽教育出版社,1999.282.
〔2〕 同〔1〕.175.

马克思的原意，融通了李泽厚、朱光潜等人的解说，并创造性地加以发挥，提出这“是一个多元的、多层次的复合结构。在这个复合结构中，不仅既有物质属性，又有精神属性；而且在物质与精神交互影响之下，形成千千万万既是精神又是物质、既非精神又非物质的种种因素”[1]。对于对象，蒋孔阳也作了阐释，强调人化了的自然才能进入审美关系。对于对象化的活动，蒋孔阳也提出主体要有对象意识，所“化”的内容应该是根据社会的要求最能体现出人的本质力量的，是用形象化的实践方式双向反馈、循环不已地创造出来的有意味的形式，即“第二自然”。这样，他就将“人的本质力量的对象化”和李泽厚采用的“自然的人化”两个命题很好地结合了起来。

蒋孔阳由此推进到“自然的人化”理论，将“人的本质力量对象化”和“自然的人化”统一起来。在《美学新论》里，他把“自然的人化”解释为“自然与人发生了关系，打上了人的烙印，着上了人的色彩，人‘通过实践创造对象世界’”[2]。他认为“自然的人化”包括实践改造自然，包括自由的想象和幻想对自然形象的感受，也包括人在欣赏自然时情感的倾泻，还包括人与自然关系的变化和个性化的体验。这样，蒋孔阳对自然的人化的认识就与李泽厚的自然人化理论区别了开来，形成了自己的特点，也为他对自然美问题的探讨奠定了广阔的空间。

对于自然美，蒋孔阳把它放在人与自然的审美关系中加以探讨，揭示了社会实践对自然美形成的基础性作用，认为自然美依然

〔1〕 蒋孔阳．蒋孔阳全集：第3卷．安徽教育出版社，1999．185－186．
〔2〕 同〔1〕．189．

是人类劳动实践过程中的产物。他认为自然美“像社会美和艺术美一样,都是通过人类的劳动实践创造出来的”[1],“从整个人类劳动发展的历史过程来看,人类的劳动,始终在不断地扩大自然美的范围”[2]。蒋孔阳扩大了“人的本质力量”的范围,并把人的本质力量看做是不断发展变化的动态形式,因此,人在物质层面和精神层面上把自己的本质力量投射于自然,就可以形成自然人化的多样性和变动性;同时,自然本身多种多样的形态与多种形态的人的本质力量相结合,自然人化的途径和方式也因此具有了丰富性和动态结构,主体的心理结构和自然景观的物质形式形成了多种多样的情景对应关系,既强调了自然的作用,又突出了人的主体性。这就解决了自然美的多样性和人的不同主观情感之间的对应关系的难题。

同时,蒋孔阳还认为,在自然人化的过程中,人的劳动通过自由的想象和幻想,自由地支配和安排自然,使自然从自然的规律中解放出来,变成符合人的主观希望的自由形象。因此,自然的人格化是一种人化,作为审美对象的自然,常常是人格化了的自然。所以,自然的人化并不一定要对自然本身起作用,只要通过自然,反映出人的本质力量,在自然中找回发现人自身的回响与反应,表现出人的思想和情感,就是自然的人化了。也就是说,自然的生命力召唤人类去探索它们,人们在探索之中发现了自己的情感和精神,实现了精神的安宁,主体的感性生命得到了拓展,主体的心灵在自然中获得了无限自由。此外,人类劳动是不断发展的,人的本质力

〔1〕 蒋孔阳.蒋孔阳全集:第3卷.安徽教育出版社,1999.254.
〔2〕 同〔1〕.257.

量和人与自然的关系也处在不断发展的过程中，自然人化和自然美的生成也就不是静止的，而是随之发生着相应的发展和改变，主体的自由与自然的生命关系也就处在不断的运动和创造之中了。

在此基础上，蒋孔阳提出“美是自由的形象”的观点。他说：“美的理想就是自由的理想，美的规律就是自由的规律，美的内容和形式就是自由的内容和形式。美是人的本质力量的对象化，人的本质力量也离不开自由。因此，我们说，美的形象就是自由的形象。”[1]这个观点既是对“美是人的本质力量对象化”的拓深和延展，又借鉴了李泽厚的“美是自由的形式”说和高尔泰的“美是自由的象征”说，正体现出蒋孔阳美学的综合性和包容性。

总之，蒋孔阳坚持和维护人的本质力量对象化理论，与美论和美感论相联系，将之贯彻到自然人化理论的建构中。他从人与自然结成的关系入手，既强调自然本身的属性对于美的生成的重要性，又强调人在自然对象成为审美对象过程中的主体地位，形成了自己的特点。因此，蒋孔阳对自然人化和自然美的论述是与他一贯主张的“美在关系”和“美在创造中”的观点相一致的。可以说，蒋孔阳的“人的本质力量对象化”理论深化了实践美学对人与自然审美关系的认识，使主体对自然山水的认识上升到了自觉的意识，推进了人对自然审美的展开和深化。

---

〔1〕 蒋孔阳. 蒋孔阳全集：第3卷. 安徽教育出版社，1999. 213.

第九章

刘纲纪的实践自由论美学和周来祥的实践和谐论美学

刘纲纪的实践自由论美学以马克思主义实践本体论为理论基石，以“劳动创造了美”为根本指针，以创造自由为显著特征，是典型的比较纯粹的马克思主义美学形态。这一美学理论是对此前实践美学理论的总结，又开启了21世纪我国马克思主义美学发展的新局面。在刘纲纪看来，马克思主义美学到目前为止还处在建立和形成自己的基础理论体系的阶段，21世纪的马克思主义美学研究也是这一理论体系建构的研究。全面深入地了解和研究马克思主义的整个思想，具体历史地开展科学实证研究，对古今中外的一切美学理论加以批判地考察吸收，是未来建立马克思主义美学应该着重加强的工作。刘纲纪的实践自由论美学是这一主张的体现。

第一节 刘纲纪的实践本体论

与李泽厚和朱光潜在美学理论建构中较多地借鉴马克思主义以外的思想资源不同，刘纲纪的美学理论是纯粹地建立在马克思主义哲学基础上的。他在进行马克思主义美学理论建构的同时，也系统阐释了马克思主义的本体论问题，并作为自己美学理论的基础。

20世纪80年代初，李泽厚与刘纲纪两人都以马克思的实践论为出发点，构建实践美学体系，所以尽管在具体问题上两人有一定差异，但还是进行了有意义的合作，撰写了《中国美学史》一、二两卷。但是，刘纲纪认为，李泽厚的主体性哲学，尤其是后来的人类学美学和心理本体、情感本体等主张，在一定程度上偏离了马克思，他觉得有必要对马克思主义的本体论进行深入研究。刘纲纪曾说："我于1988年1月发表《实践本体论》一文，直接的动因是我难以同意李泽厚提出的'人类学本体论'。这推动我去思考马克思主义哲学的本体论问题，提出了自己的观点。"〔1〕又说："我认为正确了解的人类学确实与历史唯物主义有密切关系，但把历史唯物主义视为人类学，并竭力把马克思主义哲学人类学化，这是不正确的。就本体论的问题来说，如果我们承认物质生产实践是人类存在的根基，是人类社会一切现象的'本原'，那么有关人类社会的本体论就应称之为实践本体论，而不必用'人类学本体论'这个含糊不清的词去称谓它。相反，如果否认物质生产实践是人类存在的根基、人类社会一切现象的'本原'，那么所谓'人类学的本体论'就决不可能是马克思主义的，而只能是与马克思主义相对立的。"〔2〕刘纲纪在其后发表的《马克思主义哲学的本体论》、《实践本体与人的主体性》以及马克思主义与现代中西方美学之间关系的系列论文中，系统地阐释了实践本体论与美学基本问题之间的关系。

刘纲纪对实践本体论与美学关系的看法主要沿着两条路径进行，一是实践本体论哲学的理论建构，一是以实践本体论哲学为武器全面考察西方现代美学和中国美学的现状。

刘纲纪的实践本体论建构是在论证马克思主义哲学本体论的

〔1〕 刘纲纪. 传统文化、哲学与美学. 武汉大学出版社，2006. "序言"2.
〔2〕 同〔1〕. 196－197.

基础上建立的。本体论是哲学的基本问题。对于马克思主义哲学,人们一直都在回避本体论问题而注重于认识论问题。这是因为,马克思在《巴黎手稿》中仅两次使用过"本体论"这个术语,此外不再见马克思使用这个术语,但马克思却使用了"存在"和"社会存在"的概念。因此,刘纲纪认为,马克思主义哲学应该存在本体论问题,也就是马克思主义哲学本体论,而且恩格斯在《路德维希·费尔巴哈与德国古典哲学的终结》一文中所提出的哲学基本问题就是本体论的问题。因此,刘纲纪认为,马克思主义哲学"首先是一个本体论的问题,其次才是认识论的问题"〔1〕。

刘纲纪认为,马克思主义哲学本体论可以分为自然本体论和人的本体论。自然本体论所研究的是在人类出现之前即已存在的自然的本体。由于人本是自然的一部分,人的存在不能脱离自然,因此自然的存在对于人的存在处于优先地位,自然本体论对于人的本体论也处于优先地位。但人又不仅仅是自然存在物,因此自然本体论不能替代人的本体论。就整个马克思主义哲学而言,它突出的主要贡献是在人的本体论方面,它第一次指出了人类的物质生产实践是人类全部历史产生、存在和发展的根基、本原,科学地解决了人的本体的问题。在人的生存的实践创造中,人的本体意识增强,人对人的存在的意义和价值产生了精神体验和反思。这种体验,既存在于人对自身的存在的体验之中,也可以体现在艺术、宗教、哲学等意识形态之中。

刘纲纪是从具体的角度而不是从抽象的角度对马克思主义哲学的"物质"一词进行界定的。他认为物质不仅指自然界的物质,

〔1〕 刘纲纪.传统文化、哲学与美学.武汉大学出版社,2006.94.

还指人类的物质生活和物质活动。人是自然的一部分,按照自然的规律改变自然的物质形式,使之符合人的目的。人对自然的活动是一种有意识的活动。这就在本体论的高度从自然过渡到了社会。所以,刘纲纪说:“马克思主义哲学的本体论不仅是自然的本体论,而且还是关于人类社会的本体论。”[1]刘纲纪对人类社会的本体的探究是要说明在自然物质的运动中所出现的人这种具有自觉意识的自然存在物的本体,这是对恩格斯所说的包含自然和社会两者在内的世界本体的看法的补充和深化。人类的实践活动把自然界和人类社会联系起来了,从而实现自然本体与社会本体的统一。这是因为:第一,物质生产活动是人类从自然界获得生存资料的活动,以满足生存需要为目的,同时又是人类的有意识、有创造性的能够支配自然从而获得自由的活动;第二,人类改造自然的活动不是个人的活动,而是人与人结成的社会性协作的活动。因此,物质生产实践在人类社会生活领域就具有本原的、第一性的地位,即本体论的地位。一切人类社会生活现象,不论是属于观念领域的东西,还是属于存在领域的东西,最终都是人类物质生产实践的产物、结果和表现。由此,人类以自然为基础的物质生产实践就具有了本体论的意义,并区别了物质生产活动与人类其他活动之间的本质,刘纲纪的实践本体论就获得了存在的根底。

同时,在刘纲纪看来,实践本体论与人的主体性具有密切关联。这是因为人所生活的世界是人的实践的产物,是人的本质力量的现实化、客观化,是主观与客观、自由与必然的统一,感性个体的自由是在实践过程中实现的。人是实践的主体,人的主体性也

---

〔1〕 刘纲纪.传统文化、哲学与美学.武汉大学出版社,2006.180.

是实践的主体性,人的主体性也只有在特定的社会关系之中才能得以具体实现。个体的主体性的确立不能脱离人类真正的自由的实现,而这种自由的实现不在否定历史的必然性,而在按照历史的必然性去自觉地创造人类自己的历史。康德的抽象的、形式的主体性和黑格尔的观念的、精神的主体性仍然是脱离人类历史的具体发展的抽象主体性。在当代中国,探讨马克思主义的具体历史的主体性具有重要的意义。

此外,刘纲纪通过对当今世界马克思主义美学基本形态的研究,认为从 19 世纪末到 20 世纪,对马克思主义美学的研究与阐释形成了三种基本形态,即苏联马克思主义美学、西方马克思主义美学和中国马克思主义美学,并在此基础上提出了"实践批判的存在论美学"。在刘纲纪看来,苏联马克思主义美学可以称为本质主义的反映论、认识论美学。它肯定艺术是社会生活的反映,肯定这种反映能够而且必须揭示隐藏在社会生活现象之后的本质,但这种美学观点不能从根本上把艺术对现实的反映和哲学认识论所讲的反映区分开来,看不到社会生活的本质其实不过是人类创造自身历史的客观必然过程的理论抽象,不能脱离构成人类总体的无数个体自身生活的创造。西方马克思主义美学是一种和文化、意识形态、政治批判直接联系在一起的美学,可以称之为文化、意识形态、政治批判美学,其中心是强调艺术和审美对资本主义现实具有巨大的"否定"、"颠覆"、"超越"的功能,主张艺术和现实的"疏离",成为与现实不同的"异在"。这就不是站在现实的基础上而是在主观的幻象中来否定现实,因此这种美学看不到资本主义的本质所在和前途命运,并对马克思主义的一系列基本原理采取了否定和保留的态度。而中国的马克思主义美学是马克思主义的普遍真理与中国革命文艺发展的具体实践相结合的产物，是以人民大众为本位的马克思主义实践论的美学，目前还在为清理和牢固地建设它的哲学基础而辛苦地工作。正是在这样的中西方马克思主义美学的研究和阐释语境中，刘纲纪认为，中国的马克思主义实践论美学在哲学基础上不能停留在认识论的层面，必须进入本体论或存在论的层面。

刘纲纪所谓的“实践批判的存在论美学”是对前此的实践本体论的深化和发展，其最高主题就是社会和感性的人的本质的全面自由发展。这里的“实践”是广义的实践，指的是人类在社会生活一切领域中使人的感性的本质得以生产和实现的活动，也就是人的感性的本质的自我实现、自我创造的活动。人类为了满足物质生活需要而进行的物质生产活动是决定这一活动的根本活动，同时还包括分工、科学技术的发展和运用以及产品的交换、分配与消费等。简言之，就是人类的全部生活。“批判”是在上述实践意义的基础上所进行的对社会现实的批判，是理论的批判和对社会现实进行实际的革命的改造的统一。至于使用“存在论”而不使用“本体论”，首先是为了避免本体论一词可能引起的神秘感和无谓的争论，其次是为了表明马克思所说的存在是指以物质的自然界为前提，作为自然界一部分的人的社会存在，是人类的物质生产实践。最后，使用“存在论”一词，在美学上可以更清楚地、明确地把审美和艺术问题与人的存在问题联系起来。

在马克思主义的实践批判的存在论的视野之下，刘纲纪认为，当今美学出现了四种新情况：第一，随着科学技术的发展，物质生产本身越来越具有和审美相关的文化性质，经济行为和文化关系密切，物质消费成为文化消费，因此要把审美和艺术与物质生产和文化联系起来，探讨与马克思主义经济学相关的各种美学问题；第二，美或审美的主要形式已转变为个体和人类从实现人的自由而永不停息的实践创造中所获得的一种崇高感（成就感、尊严感、自由感）和幸福感，并常与社会政治伦理密切结合在一起，这是马克思主义实践论美学的有力确证；第三，审美活动与人类生活的实践活动直接相连，现当代艺术已成为艺术家对生活的实践创造的感受与体验的表现，以实践为基础的人的本质的对象化成了艺术的本质；第四，美学不再是一门孤立自在的科学，而是与物质生产的工艺学、政治经济学、文化研究和政治意识形态紧密结合在一起的学科，其主题是对美、审美、艺术与生活的实践创造以及社会的人的本质的全面自由发展作出丰富、具体而有成效的实证研究。

可以说，实践自由论美学是刘纲纪在思考当今时代的新变化的情况下提出的，表现出刘纲纪美学体系的开放性和反思性。

第二节

刘纲纪的实践自由论与美学基本问题

物质生产活动就是劳动，一方面是人类满足物质生活需要的活动，另一方面又是人类有意识有目的地改造自然的活动，因而是一种创造性的自由的活动。所以，刘纲纪的实践自由论美学建构是从劳动人手研究美学的具体问题的。刘纲纪认为劳动与美的关系是马克思主义美学应当详加研究的一个极其重要的问题，涉及考古学、人类学以及西方当代的哲学人类学和文化人类学所提供的大量的材料的搜集整理、加工利用。在物质生产过程中,人类一方面获得物质生活需要的满足,另一方面又产生精神上的愉悦,即一种由于见到了人通过创造性的活动,克服了种种困难,从自然取得了自由而产生的愉快,这是人类最初的美感。美也就是以感性物质的形态体现人类征服自然的创造的智慧、才能和力量的那些劳动的过程和成果。因此,刘纲纪认为要把握美的本质,最直接、最能解决问题的方法就是通过美感分析获得对美的本质的认识。

在人类劳动的历史过程中,人类意识到了人的自由,也就是意识了美,经历了这些历史阶段:首先是原始的自然崇拜。在这一阶段,人类还感觉不到他在自然面前的自由,因而也感觉不到美,但却使人强烈地意识到自然是在人的意识之外和不以人的意识为转移的强大力量,意识到人与自然之间的巨大对抗,从而迫使人们去思考如何消除这种对抗,以维持自己的生存,同时使人与自然物发生情感上、精神上的关系,使自然物对人来说具有神圣的精神意义。这对后来人类审美意识的发生有着不可忽视的深远影响。其次是巫术阶段。在这一阶段,人们已开始摆脱对自然的单纯的崇拜,企图借助某种迷信、魔法去战胜自然,表现为人类试图征服自然的强烈愿望,萌发了人在自然面前获得自由的意识。因此,巫术经常与舞蹈、音乐、绘画、雕塑结合在一起,开始包含审美的因素。第三是神话阶段。在神话中,人们已经在想象中去同化和征服自然物,明显表明了人对自身在自然面前的自由的肯定和歌颂,人类第一次用审美的态度去看他的生活和周围的世界。

正是在这个过程中,人类超出了单纯需要的观点去看他的劳动和劳动产品,看到了人的劳动的自由的表现,从而看到了美。也是在这个过程中,人类所说的美最终脱出由之产生的物质生活领域进入到超越物质生活需要的领域。这是因为，人类在劳动发展的过程中，体力劳动和脑力劳动分工的出现，使人类认识到自己的创造的智慧、才能和力量的价值，认识到社会性的协同劳动的巨大决定作用，从而使美与善联系起来，美也成为人类社会生活的精神需要。由此可见，美感的一个根本性的特点就是在日常的功利追求、道德评价、科学认识中明显存在的物质与精神、思维与存在、主观与客观的截然对立消失了，双方内在地互相渗透和统一起来了。正是美感的这一特点，决定了美的二重性，即属于客体的东西表现属于主体的东西，属于自然的东西表现属于人的东西，属于个体的东西表现属于社会的东西。

因为劳动创造了美，所以对美的普遍本质的考察也要处处联系劳动来进行。美的创造与人类的生产劳动相联系，是一种创造性的、自由的活动，是自由的感性物质的表现，对美的本质的分析就要分析以对客观必然性的支配为基础的自由与体现这种自由的感性物质的形式及其两者之间的关系。所以对美的本质的分析就必须分析形式美或审美的形式。美作为人的自由的感性的具体表现，不能脱离感性物质的形式。没有感性的形式，美就是虚无的不存在的东西。每一种美的感性物质的形式都是人的自由的形式表现。这种形式具有以下特征：美的形式是一种合规律性与合目的性统一的形式，体现了人类对自然规律的把握和主观目的的实现，显示了人的创造智慧和才能，具有无限多样变化的形式，能够体现人的情感、愿望和理想；美的形式既是感性物质的形式，又体现并渗透着和人的自由的实现相关的某种精神的意义和情调，是感觉与超感觉的统一。由此可见，美的本质既是客观的，又是主客观统一的。美作为人的实践的产物，同时也是作为实践主体的人自身的对象化；存在于一个美的对象的种种属性，都因为它是实践主体的对象化，是客观化了的主观，或是主观的客观化。这一观点，与朱光潜的主客统一论、李泽厚的客观性与社会性统一的观点相比，更加具有马克思主义实践美学的色彩。

同时，人类的物质生产实践是无限发展的，美也就随着人类实践的发展而发展。首先，现代社会中，科学技术飞速发展，现代生活的美和人们的审美意识都发生了巨大变化，日益追求充分表现主体独特个性和肯定主体价值的美。其次，人类的使用工具，包括生产用品包含了越来越多的审美因素，现代科技的发展也在不断创造各种新的美的形式。第三，现代的高速度连续工作，改变了人们的时间观念和节奏感，现代人对美的要求趋向于更为鲜明和快速的节奏，美的形式日趋于简洁明快，避免各种繁琐的形式。第四，现代工业所带来的自然污染、生态破坏，使自然美的问题受到高度重视，使自然美与现代科学对自然的控制和改造结合起来，不再具有超现实的色彩，而成为人们享受和休息的重要源泉。

因为刘纲纪认为美学的研究对象，自古以来，不外是美、美感和艺术三个方面，所以，艺术哲学也是其实践本体论美学的具体实践领域。刘纲纪对艺术本质的规定是“艺术是生活的反映”[1]。“生活”这个词在刘纲纪的美学体系里是指以物质生产活动为主导的社会现实生活，这就把艺术的本质问题建立在实践本体论的基础上了。为了论证实践本体论艺术哲学的正确性，刘纲纪首先批评了唯心主义认识论和旧唯物主义反映论艺术观的错误观点。在刘纲纪看来，一切唯心主义美学都否定艺术是生活的反映，片面夸大和歪

〔1〕 刘纲纪. 美学与哲学. 武汉大学出版社，2006. 370.

曲解释艺术中的复杂现象,认为艺术不是生活的如实的复制,而是艺术家的意识所创造出来的一个绝对独立的世界,认为艺术是艺术家情感、直觉、幻觉、潜意识等主观精神的表现,是一种绝对与生活无关的、独立自在的"纯形式"。这种观点的错误在于夸大了艺术形式的特殊复杂性,否认形式包含来自生活的情感,把形式创造与现实生活割裂开来。此外,马克思以前的唯物主义虽然主张艺术是生活的反映,但存在巨大错误:第一,旧唯物主义常常把艺术对生活的反映理解为一种消极被动的、直观的反映,没有看到人的主观能动性在艺术中的巨大作用;第二,旧唯物主义常常把艺术对生活的反映简单地理解为感觉对生活的再现,否定主观情感在艺术中的作用;第三,旧唯物主义不懂得人的生活是人改造世界的实践活动的结果,不懂得物质生产实践的发展是人类生活发展的最终动因,因此,它就不能真正唯物地说明艺术的产生和发展问题,往往借助于精神和超历史的因素以及普遍人性来解释,从而走向唯心主义。

由此,刘纲纪在马克思主义实践论的基础上,认为艺术是生活的反映,艺术作品是内在的精神内容和外在的感性形象的统一。具体来讲,艺术作品的内在精神归根到底是社会生活在主体意识中的反映,而艺术作品的外在感性形象也是生活的反映。在刘纲纪看来,艺术作品的外在感性形象可以分为具象的和抽象的两大类。所谓具象的形式就是指具体地描绘、再现某一客观对象的感性形式,所谓抽象的形式是指不是生活中某一具体对象的具体描绘,如音乐、建筑、抽象绘画和书法等艺术,但其感性形式仍然是对生活中存在的事物所具有的某些能表现主体情感的形式要素加以抽象、组织和概括化的产物。即使是纯形式美也还是来源于现实生活。所以,艺术是对现实生活的反映,其根本特点就是把人的生活当做人自身实践创造的感性具体的过程和结果的反映，并从中显示出人的自由的本质。可以说，艺术正“处在自由的最高位置上”[1]。所以艺术对生活的反映就是一种审美的反映。这种反映是把日常生活中不够自觉的、零散的、分散的、比较表面的审美感受集中概括，并对其普遍意义进行深入挖掘，从而具有普遍的社会审美意识价值。这一过程是审美意识物态化的过程，也就是艺术作品生成的过程。

从上面的分析可以看出，刘纲纪的实践本体论与美学基本问题之间的关系包含三方面内容：一是通过对现当代中西美学实践的考察分析，认识到建构马克思主义美学本体论的重要性；二是通过阅读马克思主义的经典著作，并与各种非马克思主义美学思潮对比研究，构建出自己的实践本体论美学思想；三是以实践本体论美学思想展开美学具体问题的研究，构建实践本体论美学体系，为马克思主义美学向纵深方向发展作出努力。其中，第三方面又从美、美感和艺术三方面具体实现了实践本体论哲学在美学具体问题上的指导作用和基础地位。

第三节 刘纲纪的实践自由论

马克思的《巴黎手稿》是刘纲纪实践自由论美学的直接理论

[1] 刘纲纪. 艺术哲学. 湖北人民出版社，1986. 248.

来源。刘纲纪通过两个相互联系的方法来研究马克思的手稿:一方面广泛参阅手稿之外的马克思的众多的经济学著作,一方面密切结合从康德到席勒再到黑格尔的德国古典美学来解读。结果,刘纲纪认识到,在自由和自然(必然)的统一中寻找美在西方美学史上具有重要意义。康德在《判断力批判》的"导言"里说:"只有两类概念,是允许它们的对象的可能性有正好两种各不相同的原则的:这就是自然诸概念和自由概念。"[1]刘纲纪认为康德的这一划分在西方解决美学问题的思考途径上具有划时代的意义,超越了古希腊的模仿说以及英国的经验主义美学、法国的启蒙主义美学和德、法两国的理性主义美学,席勒和黑格尔也是沿着康德所开辟的路径前进,以各自不同的方式解决自由与必然的统一的问题的。马克思则批判地继承了德国古典哲学与美学的成果,通过对政治经济学的广泛深入研究,创立了实践的、历史的唯物主义,把自由与必然统一的问题放在了人类物质生产实践(劳动)的基础之上,开启了美学史崭新的一页。刘纲纪认为,在马克思主义哲学里,真正的自由是人类对客观必然性的认识和实际支配。这种自由的取得只能是人类改造世界的实践活动的产物。因此,马克思主义哲学是站在人类对客观物质世界的实践改造的基础上来认识必然和自由的问题的。这就把人的自由的实现始终看做一个历史的动态过程,人的自由与劳动实践、与社会、与自然界的关系乃是其中应有之义。

由于把人和动物从本质上区别开来的是劳动,而且劳动也是人类能够支配周围世界、获得自由的手段,因此刘纲纪就从劳动开

〔1〕 康德.判断力批判.人民出版社,2002."导言"7.

始，首先探讨了劳动和自由的关系。刘纲纪认为，人类劳动不是动物的那种本能的无意识的适应自然的劳动，而是有意识、有目的地改造自然，从自然获得自由的活动。这是人与动物的本质区别。人类劳动不仅可以满足人类的生存需要，还可以支配自然、获得自由，因此人的劳动及其产品对人就产生了双重意义：一方面它满足了人类的生存需要，另一方面它又在满足人的生存需要之外引起人精神上的愉快，可以使人们产生一种战胜自然的欢乐感，这种欢乐感就是美感的最初起源，是人在改造、支配自然的过程中产生的自由的直观，人的智慧、才能和力量得到了肯定，人从他的周围世界中就可以发现美的事物。同时，人的劳动不是孤立的个人行动，而是在一定的社会关系中进行的共同活动，是人支配自然、获得自由的必备条件。这样，人的自由的本质就与社会关系密不可分地联系起来了。人的自由也只有在一定的社会关系之中才能得到实现。

但是，在剥削社会关系之下，人的自由本质是受到压抑而不能实现的，因此还要通过革命改造社会关系，使人的自由本质得到真正复归。由此，人的自由和美的本质问题也就经历三次转变：从原始社会到私有制出现，美的本质发生第一次转变；私有制出现以后，出现阶级社会，人的自由和美的本质也都受到压制，到资本主义时代，这种压制达到顶峰，于是出现美的本质的第二次转变；资本主义发达的生产力为共产主义社会的来临提供了物质条件，并为共产主义的发展提供物质基础，因此共产主义的极度发达的物质生产为人类提供了更多的富余时间，人的自由的本质和美的本质得到高扬，艺术创作繁荣，美的本质实现第三次转变。在这个过程中，人的自由不仅与社会关系密不可分，而且还与一定历史时期的道德上的善联系在一起，这样美就不仅是在实践中体验的自由，还与道德伦理的善结合在一起,从而实现了个人与社会的高度统一。

此外,人来自自然界、是自然界的一部分的事实,决定了人永远也离不开自然界。从人与自然的关系来看,只有当人类的物质实践同自然规律相适应时,人才可能获得自由。人在获得自由的时候,在自然界面前不是消极的被动的,而是积极主动地有意识有目的地改造和支配自然,这是人与自然统一的基础,也是人从自然获得自由的基础,同时也是自然成为人的审美对象的基础。因此,"自然美是人类在漫长的实践中改造了自然的产物,是人的自由在人所改造和支配了的自然界中的表现"[1]。同时,人类对自然的改造是一个复杂的过程,随着生产力的发展而发展,这就要求我们以全面发展的眼光观察人与自然的互动关系,人类与自然的关系既可以是对个别自然物形态的改变,也可以是对自然规律的认识和利用。自然在满足了人类的生存需要之后,还可以成为人们单纯的审美对象,这是一个渐进的过程。第一,随着生产力的发展,人类的需要日益多样化,人与自然的关系不再仅仅局限于狭隘的实用关系,人同自然界发生了广泛的联系,自然也与人的生活的各个方面发生关系,这时自然界就可以成为人们的审美对象;第二,人类改造自然的活动是在结成一定的社会关系的情况下进行的,这就决定了人对自然的改造往往超出个体生存的需要而与个体产生精神上、情感上的审美关系;第三,在人类改造自然的实践过程中,自然不仅是人类的实践对象,不仅与人产生情感和精神关系,而且人们发现整个自然界还是一个合规律而又合目的的对象。总之,经过人类长期的实践改造,自然同人的物质生活、精神生活

〔1〕 刘纲纪. 美学与哲学. 武汉大学出版社,2006. 85.

和审美生活联为一体,成了人的自由实现的载体,也就是成为“人化的自然”。

在完成以上对人的自由与劳动、社会与自然之间关系的分析之后,刘纲纪自然过渡到对审美的自由本质的分析。在刘纲纪看来,审美的自由作为人的自由的表现,与实践本体论相关。刘纲纪认为,马克思对人类物质生产劳动不同于动物活动的本质特征的分析是马克思主义美学的根本出发点和基石。因此,他通过对《巴黎手稿》中“美的规律”和两种尺度的分析,指出“美的最根本、最普遍的规律就是在人类实践(首先是物质生产劳动)基础上,人的自由与客观的自然必然性两者如何统一的规律,美就是这种统一的实现在人类生活中的感性具体的表现”[1]。因此,刘纲纪的实践自由论美学的典型特征就是强调在实践过程中,人类满足了物质需要的生产实践之后,其对自然的改造是一种有意识的自由的活动,也只有在这个意义上,人的活动才是审美的活动,这一过程是客观必然和主观自由统一的过程。必然和自由的统一问题是刘纲纪美学体系的核心问题。因此,在刘纲纪的美学体系里,其审美自由的概念就具有重要的意义,不同于一般日常的自由的含义,而有其特殊的规定性。

刘纲纪对审美自由的分析与他对美的哲学、心理学、社会学分析联系在一起。刘纲纪首先认为,以实践为基础的马克思主义美学应当把对美的哲学分析和心理学、社会学分析内在地结合统一在一起。刘纲纪所谓的自由是哲学意义上的自由,但又不等同哲学上的自由,具有自己的特点。这主要表现在以下三个方面:第

〔1〕 刘纲纪.美学与哲学.武汉大学出版社,2006.“新版序”2.

一，这种自由是一种以物质生活需要的满足为基础，但又超出了物质生活需要、摆脱了物质需要的束缚的自由；第二，这种自由表现为人对客观必然规律的创造性的掌握和运用，自然规律和人的内在目的的高度统一；第三，这种自由表现为人的个体感性存在与普遍的社会性存在的高度统一。在这一界定的基础上，实践自由在美的心理学和社会学分析中就表现出相应的三种形态。

在美的心理学分析中，自由表现为审美情感；在美的社会学分析中，自由表现为人类审美心理及其与之相应的艺术发展过程，也就是从物质生产到审美心理的各个层次的演变过程。

就美的心理学分析来说，自由表现为审美情感，是一种由于直观到人的自由的实现而产生出来的愉快的情感，具有三个特征：第一，审美情感虽以物质生活需要的满足为基础，但它是超出这种需要的愉快情感；第二，审美情感是一种同周围各种合规律的感性形式直接相连的愉快的情感，是世界的合规律性与人的内在目的性在主体心理感受上的高度统一；第三，审美情感是一种个人与他人、社会达到和谐统一的愉快的情感。这种审美情感是由人在改造世界的实践活动中所产生的自由的情感，因此就与物质世界的各种感性形式互相渗透并结合在一起，形式从而获得了美，形式美也就渗透并体现了人对自然自由支配的情感。

在美的社会学分析中，刘纲纪更多地借用了黑格尔在《美学》中对艺术美发展分析的理论。在《美学》一书中，黑格尔为了说明艺术理想的特殊性和外在世界之间的关系，从三个方面考察了这一问题：① 一般的世界情况；② 情况的特殊性，也就是情境及其冲突;③ 主体性格对情境的掌握以及它所发出的反应动作。[1]所谓一般的世界情况是个别动作及其性质的前提,也就是社会时代背景;情况的特殊性即情境,是某一个别人物和某一个别情节所产生和发展的具体情境;在前两者的共同作用下,形成一系列互相连贯的情节动作,也就是普遍力量通过个人发挥作用形成人物性格。黑格尔的这一理论抓住了社会学分析的关键点,但刘纲纪对之作了马克思主义的改造。马克思认为,人们的国家制度和人们的精神方式由一定的社会结构和人对自然的一定关系两者决定,因此,刘纲纪对美的社会学的分析也遵循了这一思路,由此认为审美自由也是受到这两方面因素的制约的。在第一个层次上,人的审美自由同物质生产力的发展在总的方向上是趋于一致的,但又绝非处处同生产力的发展成正比。比如将资本主义的审美自由和古希腊社会相比,可以发现古希腊的自由比资本主义社会更有个体的自由和完整性,更有利于艺术的发展。共产主义社会在资本主义社会强大的生产力基础上会创造出更大的生产力,人也可以走向真正自由的全面发展,人类文艺也必将全面繁荣。在第二个层次上,一定历史时代所包含的很多矛盾在社会生活各方面得到具体的表现和展开,个人的审美自由是充满各种偶然性的特定生活境遇。在第三个层次上,一个历史时代的审美心理要具体地表现在这一历史时代各种人物的处境、遭遇以及他们在特定情境下对于个人自由的追求中,并潜藏在人物复杂的内心生活之中。这三个层次是由宏观到具体、由整体把握到个体心理的具体演进过程。

刘纲纪的实践自由论美学以马克思主义实践观和社会历史观

---

〔1〕 黑格尔. 美学:第 1 卷. 商务印书馆,1979. 228 – 300.

为依据,认为个体审美自由被实践水平现实地历史地决定了;并认为在共产主义社会里,人们对自然的认识达到很高的水平,生产力发达,人们获得大量空闲时间,从而个体可以充分地享有审美自由和艺术生存;等等。这些观点无疑带有明显的乌托邦的痕迹,也解释不了个体自由与社会现实之间的复杂关系,尤其是个体审美与社会历史之间的不可割断的联系。人类实践水平与个体审美自由的生存是否具有必然的联系,每个人的审美自由又如何体现出自身的价值,这些问题均付诸阙如。更何况,不同地点、不同时间、不同时代个体的审美自由具有不同的含义和不同的追求。刘纲纪认为个体在共产主义社会里,在产品大量满足的基础上能够获得大量空闲时间,从而可以追求自己的审美和自由生存,这无疑忽视了人作为人的特殊性和普遍本质。实际上,生存问题和空闲时间并不必然带来个体的审美自由,仍然要受到社会关系、伦理道德的限制。杜丽娘在中秋之夜唱道:“轮时盼节想中秋,人到中秋不自由。奴命不中孤月照,残生今夜雨中休。”(汤显祖《牡丹亭·离魂》)林黛玉也有“一年三百六十日,风刀霜剑严相逼”(曹雪芹《红楼梦》)的呼告和哀叹。这些都说明,个体自由的活动不仅仅在于物质生活的满足,更重要的还是个人价值和生命意义的实现。即使到了共产主义社会,个体生存必须面对的限制仍然存在,共产主义社会对个体审美自由的获得也并不必然具有普适意义。人类个体情感的丰富性和多样性与客观现实之间的复杂关系在刘纲纪的美学体系里被简单化了。

第四节

周来祥的实践和谐论美学

周来祥的实践和谐论美学以实践为基础，从审美关系入手，以辩证系统方法为统领，强调人与自然、主体与客体、理性与感性、自然与必然、合目的性与合规律性的一致与统一，把美学的历史范畴划分为三大艺术形态，并以此为标准对中西美学的异同进行历史比较和融会贯通，形成了系统严密的美学体系，得到学界越来越多人的认同。

一、审美关系论

周来祥实践和谐论美学是实践美学的组成部分，在上世纪80年代与实践美学一起成长。它的基本观念和实践美学一致，都以马克思主义的实践美学观为理论支持和逻辑起点，在美的根源上都认为美是实践的产物。但是，周来祥的实践和谐论美学又有自己的特点，认为美只有在和谐的实践关系之中才能生成。

第一，周来祥认为，人在实践中一方面使自然人化，一方面使人对象化，现实生成着人与自然的对象性关系，但这种关系只是人与自然的一般自由关系和美的本质的最一般的规定，还不是美和审美关系的特殊的质的规定性。也就是说，自然的人化只是审美关系及其他各种关系的共同的自由本质，探讨美和审美特性也必须从此出发，但这还没有把握住美和审美的真正本质，因此不能真正解决美的本质问题。这就与把实践的本质等同于美的本质的观点区别了开来。

第二，与此相关，美的根源并不是美的本质，把握美的本质要从组成审美关系的各要素入手，即要从客体与主体组成的审美关系入手来把握美的本质，也就是"美在关系说"。所以，周来祥说："作为现实的美的对象，它是由审美对象和审美主体相互对应而形成的审美关系决定的。在这个意义上，没有审美对象，就没有审美主体；没有审美主体，就没有审美对象。"[1]这就纠正了"美在自然说"脱离人与自然之间和谐的审美关系来谈论美的缺点，也纠正了"美在主观说"仅重视审美主体主观精神而忽视审美对象的缺点，还纠正了"客观性与社会性统一说"仅强调美的社会性而忽视审美对象、仅强调社会群体而忽视个人主体的缺点。

第三，美在关系并不代表人在实践中结成的所有关系都是审美关系。在周来祥看来，人类在长期的社会实践中，与对象世界建立了三种主要的关系，各自有自己独特的内涵：首先，在认识活动中，人类以理智为前提，去把握客观世界的规律性（真）；其次，在实践活动中，人类以意志为前提，去把握主体世界的目的性（善）；最后，在审美活动中，人类主体以情感为前提，去寻求主观世界合目的性与客观世界合规律性的统一（美）。

所以，审美关系是在实践活动中形成的、以情感为中介的、在真善统一中寻求美的主客统一的关系。也就是说，审美主体和审

[1] 周来祥. 论美是和谐. 贵州人民出版社，1984. 1.

美客体一起处于特定的关系之中,审美主体不能离开审美客体,审美客体也不能离开审美主体,美是对象作为人的本质力量并与之和谐自由对应的产物,脱离了这些关系,美就无从产生。这就界定了审美活动与其他实践活动的区别,把握了审美关系建立的独特性,认识活动和实践活动也通过审美活动得到联结。这与康德所说的“知性和理性的各种立法通过判断力而联结”[1]有相似的地方。

周来祥说:“人的劳动实践,人的本质力量对象化,是美产生的根源和一般本质,和谐自由则是美的根本特征。美的特征也是美的本质的表现,和谐是主体与客体、人与自然、人与人、合目的性与合规律性的统一,这和谐的统一也就是自由。”[2]在周来祥看来,美和人类艺术都是在这些和谐自由的实践关系中生成的。这就把和谐(优美)在实践的基础上上升到了本质论的高度,并以此来划分艺术美的发展历程,形成了古代素朴和谐美、近代对立崇高和现代辩证和谐美的三大历史形态的艺术史理论。

二、美的本质论

周来祥的实践和谐论美学是实践美学的组成部分,与实践美学既有基本观念上的相同,又具有自己的特点,其独特处就是对美的本质的规定。

在建构实践和谐论美学的过程中,周来祥始终把“优美”作为划分美学历史范畴发展和转变的标的,优美在实践和谐论美学中具有十分重要的地位。在周来祥看来,中西美学形态和美学范畴

〔1〕 康德.判断力批判.人民出版社,2002.30.

〔2〕 周来祥.古代的美　近代的美　现代的美.东北师范大学出版社,1996.48.

的发展演变无不可以以优美为标准进行分类研究，优美实际上也就是和谐美的代称。在美的三大历史形态中，古代素朴的和谐美学表现为优美和壮美，而壮美在这一阶段仍是古典意义的，与近代崇高还具有很大距离，表现在艺术上也就是古典主义的艺术；在现代和谐美的形态中，崇高、丑、荒诞、滑稽、悲剧和喜剧等形态是古代素朴的和谐美也就是优美在资本主义社会下，在无产阶级和资产阶级的对立下分化而成，表现在文艺上就是浪漫主义和现实主义两种形态；在现代和谐美的形态中，优美经过近代崇高的分化以后又重新走向复归，呈现出辩证和谐的特点，其艺术也是理想与现实、理性与感性、表现与再现的更高层次的综合。可以看出，在美的三大历史形态和与之对应的三种艺术形式中，优美一直都是重要的参照坐标。可以说，美的三大历史形态和三种艺术形式都是以优美为准绳划分出来的。所以，周来祥在1980年提出和谐美的时候就说："究竟什么是美呢？我认为美是和谐。不是指作为审美对象的广义的美（它包括崇高、美、滑稽、悲剧、喜剧等），而是指狭义的美，准确地说是指优美。"〔1〕又说："美是和谐，是内容与形式的和谐，是真与善的和谐，是主体实践自由地符合着客观规律。它的感性特征是小、柔、曲、滑、细、静。"〔2〕这是我们一般意义上的优美的概念，周来祥用来解释美的本质和中西美学发展，可以说一下抓住了问题的核心。

周来祥认为，和谐（优美）是人与自然、主体与客体、合目的性与合规律性的统一，也就是自由。如果说这个界定还略显宽泛，那

〔1〕 周来祥.美学问题论稿.陕西人民出版，1984.84.
〔2〕 同〔1〕.

么到了上世纪90年代末,周来祥对和谐内涵的认识就已经是深刻和完善的了。这一时期,他把和谐(优美)界定为五个由浅入深、相互连接的层面,从而形成了一个系统之间各要素息息相关、完美结合的体系:① 感性对象形式的和谐,如构成对象的质料,媒介的粗细、软硬、方圆、大小,及其比例的协调、均衡、对称多样统一的和谐等,也就是形式美。② 感性对象内容的和谐,如人的心理、情感和精神世界的和谐,艺术中的主观与客观、再现与表现、情感与理智、想象与思维等各种形式的和谐。③ 内容与形式的和谐统一,也就是说内容的和谐要求形式的和谐,形式的和谐也规范和陶铸着内容的和谐,这一点艺术美体现得最为显著。④ 审美对象与审美主体之间的和谐,这里要突出的是审美对象和审美主体,而不是认识对象和认识主体以及意志对象和意志主体,和谐仅仅是审美关系的载体。⑤ 上述四种和谐又在实践活动中决定着社会历史中人与社会、人与自然、人与自身的复杂关系,这种复杂的社会关系又集中凝结在特定实践历史阶段的人身上。

三、美学方法论

在实践美学代表人物的美学体系之中,周来祥的实践和谐论美学具有较为自觉的方法论意识。周来祥认为,马克思主义辩证思维的方法是当代最科学、水平最高的思维方法,辩证思维在本质上是开放的、发展的,必将吸收、融合当代一切有益的方法。此外,受20世纪80年代方法论热的影响,尤其是信息论、系统论和控制论"新三论"的影响,周来祥的和谐美学也吸收了其中的方法精髓,尤其是系统论的方法。所以,他在总结自己的美学方法论时特别指出系统论的方法与自己美学思想的关系。可以说,周来祥的美学方法论是以实践活动论为起点、以辩证思维和系统论为核心的多样综合的一体化方法，构筑了一个纵横结合的网络式圆圈型的逻辑框架。

周来祥的美学方法论一直把辩证思维，尤其是马克思主义的辩证思维放在核心地位。他在总结和谐美学时说："首先在方法论上，我提出了以辩证思维为统帅的多样综合的一体化方法。"[1]又说："辩证思维是现当代水平最高的思维方法，它的根本特征是运用流动概念和流动范畴。它是在概念和范畴的辩证运动过程中再现客观事物辩证发展的历史过程。"[2]正是在这一方法论的指导下，周来祥的美学理论建构从抽象上升到具体，从综合到分析，从整体到部分，在系统整体的关系属性中研究某一特定事物的美学形态和本质规律，自然得出"美是一种关系属性，是系统整体属性，是由审美关系决定的对象性属性"的结论。这就把美、审美、艺术在矛盾结构的深层本质上统一了起来，视为异质同构的一体，也就与那些把美和艺术视为两种事物的观点区别了开来。

周来祥的实践和谐论美学注重突破主客二元对立的思维模式，认为主客体在实践活动中得到统一。这是实践和谐论美学的方法论基础。周来祥认为，对哲学、美学中二元对立思维模式有两种根本不同的理解。一种认为只要划分主体与客体就是二元对立；一种认为主客体并不是二元对立，而是一分为二，可能走向对立，也可能走向和谐统一，关键在于"承认不承认人与物、主体与客体之间是否是相互联系、相互依存、相互渗透、相互转化、相辅相

〔1〕 周来祥. 和谐美学的理论特征. 文史哲，1997(1).

〔2〕 周来祥美学文选. 广西师范大学出版社，1998. 259.

成的，拒绝这一点就是二元对立，肯定和实践这一点就不是二元对立”[1]。不仅事物的对立有非本质的对立与本质的对立，而且对立也有绝对的对立和辩证的对立之分。马克思主义哲学在历史上第一次对主客体对立作出了辩证的回答。马克思发展了黑格尔的辩证思维，引入劳动实践的观点，从本体论和认识论两个层次，从发生学和历史发展阶段论的历史视角，全面系统地论述了主体与客体分裂以及对立和统一的辩证过程，从而解决了主体与客体对立的问题。在马克思看来，劳动实践本身是一种二重化的活动，在劳动实践中，一方面人按照自然界的客观规律，同时依据自己主体的目的和要求来改变自然、创造世界，使世界成为人的本质力量的实现和自我确证；另一方面，生产劳动不仅使自然人化，也使人对象化，创造着人类自身，创造着理智、意志、情感以及各种感觉和能力。这样，通过劳动实践，客体成为主体的客体，主体成为客体的主体，主体与客体才能真正地相互交流沟通，融合转化，达到和谐统一。正是在这一认识的基础上，周来祥以劳动实践为出发点，以审美关系为美学研究的重点，以和谐美的演变轨迹为参照坐标，考察了中西美学形态发展的过程和规律，建构了具有弥合主客二分、达到主客和谐统一的实践和谐论美学。但是，在具体研究实践过程中，要达到这一理想境界和理论目标还需要进一步的努力。所以周来祥又说：“理论上的解决，并不就是历史的现实的解决，因为主体与客体二元对立的产生，并不只是头脑中形而上学思维在作怪，更重要的还有生产力发展水平、近代资本主义制度的痼疾、

[1] 周来祥.论哲学、美学中主客二元对立思维模式的产生、发展及其辩证解决.文艺研究，2005(4).

人与社会关系的裂变与异化等更为根本的因素制约。”[1]

因为研究思路和研究方法的不同，周来祥的实践和谐论美学与蔡仪、朱光潜和李泽厚等人的美学理论具有显著的不同。第一，因为方法论的不同，造成了美的基本观念的不同。朱光潜的“主客统一说”、蔡仪的“客观说”和李泽厚的“社会性与客观性统一说”虽各有不同，但都把美看作是事物或意识本身的一种属性，他们的思维还停留在对象性思维的阶段；周来祥力图从辩证思维、系统整体、审美关系的整体属性出发，不把美看做是对象本身的一种属性，美也不是纯客观或纯主观的，而是由和谐自由的审美关系所规定的关系属性和系统整体属性。第二，周来祥美学不是把“美是和谐”这一命题看作永恒的定义，而是以之为出发点，不断在逻辑和历史的运动中向上升华，形成了美的三大历史形态的理论。在这里，美学范畴、美和艺术的形态既是逻辑的范畴，又是历史的范畴。古代素朴的和谐美是一元的，丑和崇高没有分化出来，还没有形成独立的形态，其中的壮美也不是近代的崇高，还只是和谐美的形态。到了近代，随着对立因素的增加和丑的升值，美逐渐分离出崇高、丑、荒诞、悲剧和喜剧等独立的形态范畴，所以近代是美的形态范畴多元发展的时期。到了现代，丑和荒诞等美学形态随着辩证和谐的螺旋上升呈现出复归的趋势，达到了更高程度的综合和统一。而美学界大都把美、崇高、丑、悲剧和喜剧看做是自古就有的，世代相传，贯穿于古代、近代和现代，把它们看做是并列的逻辑范畴而不是历史的范畴。但是，周来祥的实践和谐论美学与其

〔1〕 周来祥.论哲学、美学中主客二元对立思维模式的产生、发展及其辩证解决.文艺研究,2005(4).

他各家美学也不是没有关系。他的独特性只是把他的美学体系与其他美学体系区别开来。实际上,周来祥的美学也向李泽厚、朱光潜等人借鉴了很多东西,并把借鉴的东西放在自己的美学体系里,加以吸收融合。所以他说:"我把他们有益的东西放在我的体系之中,成为丰富、发展我自己的养分,成为我思想体系的构成元素了。"[1]这与他的美学方法论思想是分不开的。

〔1〕 周来祥.和谐美学的理论特征.文史哲,1997(1).

第十章

张玉能的新实践美学观

多年来，张玉能在李泽厚等前辈特别是导师蒋孔阳的影响下，在认真学习、深入领会马克思主义实践美学思想的基础上，继承和借鉴前辈的研究，结合中国当代的审美实际，刻苦钻研，逐步形成了自己独特的新实践美学思想。他和朱立元都高度重视本体论研究，破除二元对立的思维方式。在这个思想的形成过程中，张玉能通过与反实践美学的论辩、商榷，进一步深化了他的新实践美学，使之更为严密。因此，张玉能是实践美学的捍卫者和发展者。

第一节 实践唯物论美学

张玉能重视实践美学的哲学基础分析，强调实践唯物主义的哲学基础。与其他实践美学学者比较，张玉能尤其重视紧扣唯物主义的物质第一性的观点。他认为在西方哲学史上，实践唯物主义是在认识论转向人类学本体论的过程中诞生的。

张玉能认为实践唯物主义包含着实践本体论、实践认识论、实践价值论和实践辩证法这四个部分。因此，张玉能的新实践美学尤其重视本体论意义上的实践概念，从自然本体论走向实践本体论。张玉能提出要继承马克思的“人们必须吃、喝、住、穿”等以人的生存为条件的思想，这与墨子的“食必常饱，然后求美；衣必常暖，然后求丽”的中国特色是相适应的。张玉能在继承马克思实践思想的基础上，对《德意志意识形态》等马克思、恩格斯的著作进行深入研究，把实践分为“物质生产”、“精神生产”和“话语实践”三个部分，并且突出物质生产的中心和基础地位，认为：“物质生产制约着精神生产和话语实践，审美活动就是在它们之中超越出来的。”[1]他强调：“实践是以物质生产为中心的，人类的、现实的、社会的、感性的、对象化的活动。”[2]这种说法既继承了毛泽东《人的正确思想是从哪里来的》一文中关于社会实践的基本形式是社会的生产斗争、阶级斗争和科学实验三类的合理之处，又超越了其认识论的局限，重视了本体论的含义。张玉能所说的“物质生产”、“精神生产”主要继承了前人的说法，而话语实践则是张玉能在继承马克思、恩格斯和现代语言学理论的基础上，从实践的角度对语言进行审视的结果，体现了张玉能对实践内涵的独特理解。如马克思和恩格斯说：“语言是一种实践的、既为别人存在因而也为我自身而存在的、现实的意识。”[3]这里虽然将语言定性为意识，但毕竟还是实践的产物。张玉能的话语实践从狭隘的语言拓展到艺术符号等。张玉能认为：“话语实践是在物质生产和精神生产的基础上，主要以语言为手段处理人与他人的关系，以解决人与人之间的交往以及与之相关的现实生存和生存发展的问题，也可以说话语实践是物质生产和精神生产的中介性实践活动，它不仅调节物质生产和精神生产之中人与人之间的关系，而且也调节物质生产和精神生产之间的关系。因此，话语实践对于人类来说，是一种具有实践本体论意义的活动。”话语实践曾经与审美活动是浑整一体的，“审美活动又可以以话语实践的形式表现

---

〔1〕 张玉能．新实践美学的告别．吉首大学学报，2006(1)．

〔2〕 同〔1〕．

〔3〕 马克思恩格斯选集：第1卷．人民出版社，1997．81．

出来"[1]。

根据《巴黎手稿》,张玉能重视实践对感觉的价值,重视实践作为思维的根源和标准,并从人的角度、从实践的角度超越了费尔巴哈式的直观性,对自由问题尤其重视,强调实践的自由性。他根据马克思的思想,对审美创造中超越物种的自由创造加以发挥。张玉能强调创造和创造的自由是新实践美学的关键,因为创造是人的生存和发展的根本。他把实践看成"是人类超越自然和自我超越的生存方式,是人类确证自己的本质力量的活动"[2]。他从发展程度上把实践分为获取性实践、创造性实践和自由(创造)性实践三类。其中,"获取性实践是早期人类与灵长目动物所共有的、很难显现出人的本质的活动方式";"创造性实践是一种制造出自然界原本没有的事物的实践活动";"自由创造的实践,也可以叫做自由的实践,这是一种运用一切物种的尺度(规律)来进行的,超越了人的物种尺度和实用的、认知的、伦理的、巫术宗教的功利目的的,为某个社会群体所认同的社会实践"[3]。自由创造的实践使人与对象构成审美关系,而艺术则是这种审美关系的集中表现。在《新实践美学与实践观点》一文中,张玉能提出了他的实践美学的历史进程,以审美的境界为衡量自由的尺度,"使人的整个生存达到艺术化、审美化",以自由全面发展的人为人的终极目的,"这是人类全部历史的发展进程"[4]。这就是审美的最高理想和境界。

---

〔1〕 张玉能.实践的类型与审美活动.吉首大学学报,2001(4).

〔2〕 张玉能.实践创造的自由与美和审美.汕头大学学报,2003(5).

〔3〕 同〔2〕.

〔4〕 张玉能.新实践美学与实践观点.武汉理工大学学报,2002(3).

张玉能继承李泽厚的看法，强调审美的社会性，把社会与实践联系起来，强调以物质生产为中心的社会实践。他把形式美也看成是对象的社会属性："美并不是自然事物或社会事物的自然自在的属性，而是在社会实践之中生成出来的社会属性和社会价值。或者具体地说，美是以对象的形象所引发的情感为中介，在社会实践中生成的意识形态性质或价值，因此，作为美的一个具体表现形态的形式美，同样也是在以劳动为中心的社会实践中，对象的形式方面通过情感的中介而逐步生成的。"[1]针对有人批评实践美学忽视审美的形式性，张玉能认为："这是一种极大的误解和曲解。"[2]张玉能借鉴了席勒人类本体论的思想来发展他的新实践美学。他主张："在一部真正美的艺术作品中，内容不应该起任何作用，而形式应该起全部作用。因为只有通过形式才会对人的整体发生作用，相反通过内容只会对个别能力发生作用。""艺术大师的真正艺术秘密就在于，他通过形式来消灭质料。"[3]在本体论意义上，张玉能继承了李泽厚、蒋孔阳等人的"美是在社会实践中的人的本质力量的对象化"和蒋孔阳"美在创造中"的观点，拓展和深化实践的内涵。他主张人与自然关系的改变就是人化的自然，实践不仅包括自然实践，还包括审美实践，从中获得印证和实证。张玉能和朱立元都继承蒋孔阳的实践创造论，强调创造是实践的重要内容，提出美是生成的，反对预成论，认为生成就需要创造。张玉能对实践的理解是，实践是由"重复"到"创造"到"自由"。因此，他认为各种形态的美都是实践的产物。

---

〔1〕 张玉能.形式美的生成.云梦学刊，2001(3).

〔2〕 张玉能.实践美学与审美形式性.广西师范大学学报，2006(1).

〔3〕 同〔2〕.

受蒋孔阳多层累等思想及现代西方思想流派的影响和启发，张玉能将他自己的思想作了系统化。他认为："实践是一个多层累、开放的概念，它至少包含这么三个层累：物质交换层、意识作用层、价值评估层。而这三层累又分别包涵着自己的内在系统：物质交换层包含着三个系统：工具操作系统、语言符号系统、社会关系系统；意识作用层包含三个系统：无意识系统（需要冲动系统）、潜意识系统（目的建构系统）、意识系统（情感中介系统）；价值评估层也包含三个系统：合规律评估系统、合目的评估系统、合规律和合目的相统一的评估系统。"〔1〕张玉能认为这三个层累和各自的子系统组成了实践的结构。在这个系统中，除了对蒋孔阳思想的继承和发挥外，还对系统论、符号学、精神分析理论从实践的角度进行汲取，甚至对毛泽东的思想也有所继承，如他认为社会实践的"基本形式是物质生产，还包括精神生产和社会斗争"〔2〕，其中就包含了毛泽东的思想。

在对物质交换层的阐述中，张玉能强调了实践的工具系统中合目的性和外观形式性的统一。同时，张玉能借鉴符号学的观点，提出了实践的语言符号系统，这是非常有价值的。因为符号化便于通过感觉器官获得具体可感的东西。而实践的社会关系系统则决定了美的理性象征性。在实践的意识作用层的需要冲动系统、目的建构系统和情感中介系统这三个系统，决定了美的情感超越性，包括精神内涵性、超越功利性和情感中介性，而在价值评估层中，张玉能特地将合规律和合目的的统一界定为美的自由性。

〔1〕 张玉能. 重树实践美学的话语威信. 民族艺术，2001(1).
〔2〕 同〔1〕.

他认为审美本身就是人类的一种超越方式。"实践的本质特征之一就是它的超越性"[1],这种超越性无论是物质生产、精神生产还是话语实践都是要"全面地超出和越过一切对立的方面或向度,达到一种对立的统一。主要就是要超出和越过物质和精神、现实和理想、个体和社会、功利和非功利的对立而达到物质和精神、个体和社会、功利和非功利、现实和理想的对立统一"[2]。他从超越性的角度理解人的本质力量对象化,认为:"从实践本体论来看,美和审美就是人的本质(力量)的对象化。而这个对象化的过程也就是实践的超越性展开的过程,也就是实践由必然王国向自由王国飞跃的过程,也就是人类在实践之中逐步实现物质和精神、合规律性和合目的性、个体和社会、功利性和非功利性、现实和理想对立统一的现实过程和历史过程。"[3]

第二节

对实践美学的发展

张玉能在充分肯定实践美学在通向真理道路上的价值和意义的基础上,主张实践美学是需要发展和完善的。张玉能认为实践美学有着"强大的生命力"和"巨大的发展潜力"[4]。与当前其他

[1] 张玉能.实践的超越性与审美.西北师大学报,2005(1).
[2] 同[1].
[3] 同[1].
[4] 张玉能.重树实践美学的话语威信.民族艺术,2001(1).

实践美学论者的一个共同的特点是，张玉能也主张在后现代语境下拓展实践美学。张玉能从实践的辩证法的角度强调："美、审美和艺术都是人们由必然王国向自由王国飞跃的历史手段"，"是恒新恒异的创造"[1]。

张玉能将美和审美看成是动态的，因而是超越二元对立的。张玉能认为："实践是一个生生不息、充满活力的动态过程，它不是一个永恒不变的实体，而是包含着人与自然、人与社会、人与意识等一切关系的，亦即包含着主客体间性、主体间性的动态开放过程。因此，实践是唯一一种能够超越一切客体与主体、理性与感性、个体与社会、物质与精神、主客体间性与主体间性等等二元对立的超越的动态过程，而且也是一种人类超越现实并且自我超越的开放过程。"[2]在这一点上，他与朱立元的态度是一致的。

张玉能还主张，实践美学要完整起来，要联系生活和艺术实际，把实践美学的理论研究与人们所关心的日常生活中的美学问题以及艺术中急待解决的问题密切结合起来，使之更具有生命活力。他高度重视实践美学的普及性，将其视为研究者的职责。他认为美是"渗透到每个人的一言一行、声音笑貌、穿衣戴帽、饮食起居、接物待人等等具体的日常生活之中的。而且对这些人们普遍关心的问题，加以理论的阐释和提高，也会促进整个社会的文明程度"[3]。这就在强调，提高全民族的审美水平是美学研究者的基本职责。张玉能认为，实践美学要贯穿于雅俗全方位，以多层次的理论形式，为不同层次的人所接受，特别要重视美学的现实研

---

〔1〕 张玉能.重树实践美学的话语威信.民族艺术,2001(1).

〔2〕 张玉能.实践创造的自由与美和审美.汕头大学学报,2003(5).

〔3〕 同〔1〕.

究，同时也要重视学理本身，使美学理论和日常审美形成良性循环，相互促进，使实践美学的话语成为具有实质内涵的话语交流，反对被炒作所遮蔽。

张玉能还提出了从价值维度来发展实践美学，从中特别强调了精神价值。他把西方美学的发展划分为三大阶段：古代自然本体论阶段、近代认识论美学阶段和现代社会（人类）本体论美学阶段。总的趋势是，在本体论上，以关系本体代替实体本体；在认识论上，以主体性、主客体间性、主体间性逐步代替主客二分、主客对立；在方法论上，以不确定性代替确定性。这有利于消除主客二分的二元对立。他认为马克思主义的价值论是一种实践价值论，而实践美学是一种实践价值论美学，强调价值论维度有利于超越自然本体论美学和认识论美学的客体主义和主客二分思维方式，也有利于超越他们的理性主义和人类中心主义。这是一种与时俱进的超越，有利于真善美的统一，“使实践美学成为培养和造就全面自由发展的人的主要途径”〔1〕。因此，“实践美学的价值论维度不仅对于世界美学的发展有着不可估量的意义，而且对于人类自身的自由全面的发展以及整个世界的全面和谐的发展也具有不可漠视的意义”〔2〕。

张玉能反对以西方现当代美学为尺度来衡量甚至曲解实践美学，反对将实践美学看成古典形态的美学。在张玉能看来，从现当代西方美学的比较视野来看实践美学更能体现出实践美学的生命力。实践美学绝不是古典形态的美学，而是与时俱进的具有当代

〔1〕 张玉能.实践美学的价值论维度.三峡大学学报，2005(3).
〔2〕 同〔1〕.

中国特色的美学形态。与现象学美学、分析美学等现当代西方美学相比,实践美学及其发展并没有忽视存在,也没有抹杀接受主体性,更没有把审美活动认识论化,忽视审美活动的体验性和超语言性,而是更加全面而辩证地揭示了美和审美的存在、接受主体性、体验性、超语言性。他强调:“实践美学就是合乎实践和历史发展的与时俱进的美学流派,它至今仍然在基本观点正确的前提下不断发展、丰富、完善。它已经成为中国特色的美学流派,成为了中国当代美学的主导潮流。”〔1〕

张玉能把实践美学放在西方美学发展的历史进程和逻辑进程中加以审视,认为实践美学是现当代美学思潮中的一种,与后现代美学同步发展。后现代美学是继现代主义美学之后对启蒙主义进行反思的后工业社会的文化思潮,它在拒斥形而上学的大背景下,沿着康德的思路由认识论美学回归到人类学本体论美学,表现为精神本体论和语言本体论两种倾向,并且在总体上表现为本质论到意义论再到异延论,主观必然论到主观偶然论再到非主体可能论,主观合目的论到形式符号论再到语言游戏论的演变过程,从而颠覆、消解了本质主义、基础主义、普遍主义、人类中心主义等现代性命题。这种演化轨迹在社会文化背景上与马克思主义实践美学是同步的,涉及许多相同的问题。实践美学对这些问题作了比较切合实际、符合现实发展和内在科学规律的回答。正是在这种拒斥形而上学的大背景之下,马克思主义实践美学从根本上颠覆了审美判断(美、艺术)的永恒确定性、普遍有效性、主观合目的性和主观必然性。因此,“后现代美学‘重写现代性’的实质就是拒斥

〔1〕 张玉能.比较视野中的实践美学更有生命力.江西社会科学,2005(6).

启蒙美学到现代美学的'形而上学',打破审美判断上的本质主义,普遍主义,基础主义,人类中心主义,彻底消解审美判断(美、艺术)的确定性(本质)、普遍有效性、主观合目的性(主体性)、主观必然性,使启蒙美学确立的现代性(理性、主体性、个体性)在现代美学的现代性反思(非理性、主体性和形式性、反个性)的否定之中重写为:消解理性,消解主体,消解个性,走向永远的不确定性的延扩。这实际上与马克思主义实践美学具有历史的同步性,尽管二者也是大异其趋的"[1]。他具体从四个方面论证马克思主义实践美学与后现代美学的同步发展,这就是"从根本上颠覆了审美判断(美、艺术)的永恒正确性"、"从根本上颠覆了审美(美、艺术)的普遍有效性"、"从根本上消解了审美(美、艺术)的主观合目的性"和"从根本上消解了审美(美、艺术)的主观必然性"[2]。这是因为在马克思看来,审美、美和艺术都是在以生产劳动为中心的社会实践过程中生成的,并不断发展;审美(美、艺术)是社会实践活动中人与对象的属性的审美关系的结果,必定具有社会差异性;而且,审美(美、艺术)的意义在于对人的本质力量的确证,而不在于对象对人的主观目的的符合;审美(美、艺术)在于实践本体论的意义而不在其认识论的意义。这就把审美(美、艺术)活动植根于创造世界的实践活动的基础之上,因而敞开了审美的无限可能性。

为了彻底反对形而上学,从20世纪60年代开始,西方后现代主义美学走上了彻底的反本质主义、反基础主义、反普遍主义、反

〔1〕 张玉能.后现代主义与实践美学的同步.江汉大学学报,2002(4).

〔2〕 同〔1〕.

深度意义确定性追寻的道路。与这个过程同步,马克思主义实践美学以实践唯物主义(实践本体论、实践认识论、实践辩证法和实践价值论)为哲学基础,以其科学性、开放性和动态性回应了后现代主义美学的提问,从通过对保罗·德曼的解构美学、福柯的生存美学、伽达默尔的解释学美学和利奥塔的崇高美学的比较分析,张玉能认为只有马克思主义实践美学才可以敞开一条新世纪美学发展的康庄大道。[1]

张玉能认为,解构美学非确定性的观点"彻底摧毁了旧形而上学传统美学的本质主义和基础主义,开放了审美和艺术的存在、构成和意义,从而形成了动态、开放的立体构架。但是,由于解构美学是脱离人类的社会实践来谈论语言、修辞本身,所以它必然割裂了实践中事物及其意义的确定性和不确定性的辩证关系,从而走向了绝对不确定性的泥淖而不能自拔"[2]。而美和艺术的不确定性的问题,张玉能认为只有实践唯物主义辩证法才能给予合理的答案。美和艺术作为实践的产物,是在社会实践中生成、发展的,不可能是永恒确定的,但它体现了"共时性与历时性相统一,确定性与不确定性相统一"[3]的原则。

福柯的生存美学提出的历史差异性原则,对后来兴起的社会差异性原则产生了广泛的影响。但张玉能认为这种历史—社会差异性仅仅从语言和修辞特征方面加以揭示是不够的,应该从话语实践的角度,在肯定普遍性、共同性的基础上,看到差异性和普遍性的辩证关系。伽达默尔的解释学美学则以语言游戏论超越康德

[1] 张玉能.后现代主义与实践美学的回答.华中师范大学学报,2002(1).
[2] 同[1].
[3] 同[1].

主观形式的合目的性的启蒙美学和符号形式论，以重写美学的现代性，这“体现了后现代美学反对人类中心论而突出主体间性或主体交互性，消解永恒性和普遍性而突出开放性、过程性、不确定性的要旨”[1]。

在伽达默尔那里，艺术只是语言形式的游戏、象征和节日庆典，令人激昂，具有创造性特征，以生存和存在为本体，张玉能认为他“突出了美、审美和艺术的被动性（受动性）和合规律性，而颠覆了它们的主动性和合目的性”。虽然伽达默尔晚年也提到实践，但那只是亚里士多德式的政治实践和伦理实践，而非社会实践。张玉能认为：“惟有实践美学可以克服矛盾，辩证地揭示美、审美和艺术的合规律性与合目的性的统一，即自由，走向自由的个体和多维的主体性全面发展的人。”[2]

利奥塔的崇高美学是奠定在他“不相信宏大叙事”和“重写现代性”的基础上的，“其特征就是更加趋向于不确定性，精神自由性，自然和精神、想象和知性之间的不和谐性。崇高美学是后现代主义在美学领域对现代性的重写”[3]。利奥塔还强调一种瞬间的知觉，并将其与先锋派艺术紧密结合起来加以阐述。他的崇高美学是一种非主体可能论，它要反对现代主义的主观偶然论和启蒙哲学的主观必然论。张玉能认为如果用实践美学就更容易解释必然性和偶然性的辩证统一了。

同时，张玉能还阐述了后现代美学对于实践美学发展的价值和意义，尤其注重在后现代语境下发展实践美学，并指出了在后现

〔1〕 张玉能.后现代主义与实践美学的回答.华中师范大学学报，2002(1).
〔2〕 同〔1〕.
〔3〕 同〔1〕.

代语境下发展实践美学的三条道路:第一,中国实践美学在形成和发展过程中一直在努力坚持和发展马克思主义哲学的基石,但受历史条件的限制,被庸俗化的马克思主义在实践美学体系中有所遗留,因此,在现代发展实践美学,一个重要任务就是清理马克思主义的哲学基础,把实践唯物主义的实践本体论、实践价值论、实践认识论和实践辩证法与美学研究结合起来,使实践观点真正成为实践美学的哲学基础,并以此应对后现代社会的各种美学问题。第二,在实践唯物主义的基础上,实现实践本体论、实践价值论、实践认识论和实践辩证法历史的、具体的统一,这是实践美学应对后现代美学的历史使命。第三,在后现代语境下发展实践美学必须以实践观点清理和批判现代主义和后现代主义美学,明确回答它们的提问和思考,在交流对话之中建立实践美学的范畴体系,构建中国特色的当代美学,并为世界美学的全球化作出贡献。[1]

第三节

对后实践美学的批判

张玉能从现代西方美学的各个方面回应了杨春时、章辉等人以现代西方哲学和美学为武器对实践美学进行的批评,显示出严谨而开明的学术品格和实践美学的开放性特征。他批评了反实践美学论者依然抓住实践美学的早期代表人物李泽厚的早期思想、

[1] 张玉能.在后现代语境下拓展实践美学.广西师范大学学报,2001(1).

无视实践美学20世纪90年代以来的发展的做法，认为要真正质疑实践美学就应该找来90年代出版的蒋孔阳的《美学新论》、周来祥的《再论美是和谐》以及刘纲纪的《传统文化、哲学和美学》等实践美学的新成果；否则，任何质疑批评都是错位的，没有针对性的。

张玉能反对杨春时“从精神性的生存出发，以生存本体论的唯心主义为其哲学基础”[1]，主张物质实践是生存的本原。首先，杨春时的超越美学的本体论基础是不可靠的，他把“生存”这一含混不清的概念作为我们能够肯定的唯一实在是不可取的。从自然本体论来看，生存本体论忽视了宇宙和自然界的存在；从社会本体论来看，人类社会是在以物质生产劳动为中心的实践基础上逐渐产生的，生存本体必然还要还原到实践本体，不然必将暴露出其唯心主义实质。其次，杨春时超越美学的解释学基础也是十分脆弱的。这种脆弱性来自于生存本体论的精神虚妄性。因为超越美学从精神性、超越性、个体性的人的生存这个虚设的本体出发，杨春时在认识论上就走到纯粹主观性质的解释学上去了。这种解释学认为人类生存是解释性的，它能创造自己的意义世界，不同于物的存在或动物化生存；它不是被动地反映世界而是积极地创造意义世界。从阐释学发展的两条路径，即认识论阐释学和本体论阐释学来看，如果杨春时的阐释学属于本体论阐释学，那就与他的超越美学的存在论基础重叠，从而成为二元论的美学；如果杨春时的阐释学属于认识论阐释学，那杨春时的阐释学就属于传统意义上的古典形态阐释学，其超越美学也就陷入了古典主义美学窠臼，从而

〔1〕 张玉能. 评所谓“后实践美学”. 云梦学刊，1995(1).

失去超越性。这样，杨春时的超越美学就很难成立了。同时，张玉能对杨春时超越美学所谓的对现实的超越、对现实意义的超越以及对理性的超越也进行了有理有据的分析。

针对章辉在《实践美学:一段问题史》、《从比较视野看实践美学》等文中把实践美学看成是古典形态美学，是已经失去了发展动力从而走向理论终结的观点，张玉能批评章辉把实践美学来源于传统古典形态的哲学和美学与其本身是传统古典形态混为一谈，把继承传统与传统本身混为一谈。现代西方美学的一切流派也都并不能绕开德国古典美学大师康德、黑格尔、谢林等人，胡塞尔、维特根斯坦、海德格尔等人的哲学和美学也并不见得就是古典美学。因此，张玉能认为，实践美学继承了一切优秀的古典美学传统和遗产，德国古典哲学和美学是实践美学的一个来源，但实践美学是在马克思主义实践唯物主义基础之上扬弃了这些优秀遗产的现代和当代的理论结晶，是世界美学的一次革命性变革，比一切现代西方美学更彻底，更有生命力。针对章辉从现象学的视野认为实践美学忽视了存在，抹杀了接受主体性的观点，张玉能从马克思主义实践唯物主义和20世纪“人类学本体论”两个角度进行了批驳。张玉能认为，从实践本体论来看，美的本质必须由实践决定，美是在实践的过程中生成的;从实践认识论来看，美必然具有客观性，美感是对美的自由创造性的反映;从实践辩证法来看，美既有客观性，也有主体性，还有主客体间性和主体间性;从实践价值论来看，美既是实践的产物，也具有意识形态性。从20世纪人类学本体论转向来看，中国当代美学的人类学本体论转向是在文化大革命后的美学热潮中形成的，与当时美学界深入学习、探讨马克思《巴黎手稿》密切相关，这是20世纪中国美学人类学本体论转向的内在动力。到李泽厚的《美学四讲》,人类学本体论转向真正形成,并在刘纲纪和蒋孔阳的美学中贯彻到底。因此,实践美学关注美的客观性,把美的存在与人类实践活动联系起来,提出了"人化自然"、"人的本质力量的对象化"、"美在创造中"、"美是自由的感性显现"等一系列概念来阐述美的存在,是真正的、现实的存在,比海德格尔、胡塞尔等人的"此在"、"意向性存在"要更有生命力,而审美的接受主体性也在社会实践的基础上得到了解释。

张玉能要求坚持马克思主义唯物主义观点,根据马克思主义创始人的原著对实践概念进行开掘,"以实践观点清理、批判现代主义和后现代主义的美学,为建构有中国特色的当代美学不懈努力"[1]。这样做的优点在于将实践与中国特色联系起来,但需要进一步体现百花齐放、百家争鸣的精神。到2002年,张玉能强调对话和商谈,要求实践美学"树立新形象、重树新威信,在当前多元共存的中国美学格局中占据自己应有的地位"[2]。和其他实践美学的发展者一样,张玉能在肯定、继承传统实践美学的同时,也看出其中的弊病,认同马克思主义本身也是需要发展的,必须与新的社会环境相适应,主张吸收"当代西方的思想资源",但不能"完全以西方当代思想的尺度来衡量和批评"[3]。当然,这并不代表张玉能对西方现当代的思想一概采取排斥的态度,而是主张要合理地进行扬弃和借鉴、吸收。比如他说:"从需要的层次来看,美和审美就是人的审美需要和审美关系的对象化,也就是实践创造

---

〔1〕 张玉能.在后现代语境下拓展实践美学.广西师范大学学报,2001(1).

〔2〕 张玉能.新实践美学与实践观点.武汉理工大学学报,2002(2).

〔3〕 张玉能.新实践美学的告别.吉首大学学报,2006(1).

的自由的对象化。”[1]这便是借鉴了人本主义心理学家马斯洛的需要层次说,从需要层次的角度谈审美关系和审美需要。如果我们从实践的角度来看待西方现代美学,西方现代主义和后现代主义的种种探索本身也是要经过实践检验的。张玉能认为:“后现代美学的提问,对现代性的批判、反思和重写,有着十分重要的意义,它促使实践美学正视、思考社会实践的历史性话题,从而提出合理的答案,以在社会实践中真正变革美、审美和艺术,去创造更新更异的审美世界。”[2]

张玉能突出了物质生产的中心地位,认为物质生产制约着精神生产和话语实践,审美活动就是在它们之中超越出来的。因此,张玉能所倡导的“新实践美学”立足于现实的实践,要建设的是审美的家园,而不是历史的或审美的乌托邦。但是,精神生产在审美活动这一特殊的精神活动中应该有着特殊的地位,应该加以强调。张玉能将审美活动看成是一种精神实践,认为“美感是对美的反映的实践”[3],肯定主体对对象的反映的基础,这是对的,但认为这种反映必须与创造联系起来,它是一种能动的创造性的反映活动。这样,他就克服了机械唯物主义的反映论,使他的新实践美学与新的社会环境和时代要求相适应。

---

〔1〕 张玉能. 实践的超越性与审美. 西北师大学报,2001(1).
〔2〕 张玉能. 后现代主义与实践美学的回答. 华中师范大学学报,2002(1).
〔3〕 张玉能. 新实践美学的告别. 吉首大学学报,2006(1).

第十一章

朱立元的实践存在论美学

20 世纪 90 年代以来，朱立元在系统、认真地研究《巴黎手稿》等马克思实践美学思想的基础上，学习和继承了李泽厚、蒋孔阳等人的实践美学思想，从蒋孔阳的实践创造论美学思想接着讲，又在西方现代美学特别是海德格尔等人的影响下，从存在论维度理解和阐释实践，并且受到了杨春时批评实践美学思想的启发，超越了二元对立的认识论思维方式，形成了自己独特的实践存在论美学。这就既坚持了实践美学的基本方向，又克服了前期实践美学的一些弊端，发展了实践美学，使实践美学与时俱进，并且将其推广到美学范畴的研究和教材建设中。

第一节 实践再解读

朱立元的实践存在论美学，是在继承和发展了前人实践美学的基础上有所发展、完善和创新的。朱立元把实践美学分成李泽厚的主流派美学和蒋孔阳、刘纲纪、周来祥等人的非主流派美学。针对反实践美学的观点，朱立元强调不但蒋孔阳等非主流派美学在新世纪仍有其生命力，有进一步发展的余地，即使是李泽厚主流派实践美学，也可以改进、发展和完善，并非一无是处。他认为李泽厚的主流派实践美学最主要的问题有两个方面，一是基本上没有超越近代以来主客二分的认识论思维模式，二是对实践概念的看法失之狭隘。

朱立元的实践存在论美学首先反映了他对“实践”范畴的理

解不同于李泽厚等人。李泽厚一直强调实践仅指物质生产劳动。朱立元认为物质生产劳动是一种基础性实践，李泽厚把实践局限于物质生产劳动，实质上是把实践狭隘化了。所以朱立元说："把马克思的实践概念等同于物质生产，是一种严重的误解。从美学角度看，只有超越把实践单纯理解为物质生产的狭隘观念，从物质生产、革命实践和个体生存实践的总体关联着眼，才能真正寻找到审美活动的根基。"〔1〕和朱光潜一样，朱立元追溯西方的亚里士多德、黑格尔和马克思等人的思想，将实践看成是物质实践和精神实践的统一，并指出亚里士多德开始更注重道德实践，黑格尔更多地以实践指称精神劳动，马克思也以实践指称艺术生产和精神生产。因此，朱立元反对将实践狭隘化，恢复马克思实践范畴的原初内涵，认为"实践是多层次的，其中，物质生产劳动是最基础的实践，其上还有多个层次的实践活动，包括精神活动；而且每一种活动又都是多侧面的、丰富多彩的"〔2〕。

朱立元列举了亚里士多德、康德、马克思和毛泽东对实践的界定并加以阐述。亚里士多德在《尼各马可伦理学》里说："实践（行为）是使灵魂获得道德的平衡状态的具体的活动。"〔3〕朱立元认为亚里士多德把道德活动和政治行为看成是实践，与物质生产劳动区别开来，与李泽厚对实践的理解是完全相反的。而康德也不把实践局限在按照自然概念的实践，即物质生产劳动，康德是贬低这种实践的，他认为真正的实践是自由概念的实践，即道德实践、

〔1〕 朱立元等."实践"范畴的再解读.人文杂志,2005(5).

〔2〕 朱立元等.真的探索　美的追问——朱立元教授访谈录.中文自学指导,2005(4).

〔3〕 亚里士多德.尼各马可伦理学.商务印书馆,2003.38.

伦理实践,也可以扩大到政治实践。黑格尔突破了单从生产理解实践的局限性,把实践看作人在事物和环境里刻上自己内心生活印记、使事物和环境成为人类"家园"的自由的对象化活动。这些西方思想传统中的实践观不仅为马克思的实践范畴的形成提供了思想基础,也构成了理解马克思实践范畴的思想前提。后来马克思在继承西方实践哲学的基础上对西方实践哲学进行了革命性改造,把实践确定为新世界观的理论基石,并成为人和人类生存发展的总根基,以及人类社会生活的最高本质;并且从人与世界的客观关系入手,建立了统一的实践概念,即人的感性活动。马克思在1845年的《关于费尔巴哈的提纲》中明确使用"人的感性活动"来定义和解释实践范畴,并指出:"全部社会生活在本质上是实践的。"[1]因此,马克思的实践概念既包括物质劳动,也包括社会生活,其本体内涵是人的社会性、历史性的存在方式,其表现形态既包括物质生产,也包括变革社会政治道德制度的革命实践,还包括个体感性生命的生存活动,即广大的人生实践。毛泽东也说:"人的社会实践,不限于生产活动一种形式,还有多种其他的形式,阶级斗争,政治生活,科学和艺术的活动,总之社会实际生活的一切领域都是社会的人所参加的。"[2]毛泽东这里的实践,既包括物质生活和实践,也包括精神生产和实践。因此,朱立元认为,必须超越把实践单纯理解为物质生产劳动的狭隘观念,在物质生产、革命实践、精神生产以及个体生存实践的总体关联中寻找审美活动的根基。就是说,以马克思的统一实践概念为基础去探究美学问题,

---

〔1〕 马克思恩格斯选集:第1卷.人民出版社,1997.56.

〔2〕 毛泽东.毛泽东选集:第1卷.人民出版社,1991.283.

真正为美学找到存在论的哲学根基，这才更加贴近马克思实践哲学和实践美学的本真含义和面貌。

同时，朱立元肯定，实践不是美学的直接基础，中间有很多中介环节。实践活动是感性活动，审美活动也是感性活动，但感性活动与审美活动之间不能划等号，中间还有许多中介环节。朱立元主张，实践应该是广义的人生实践，不只是物质生产劳动，人的各种各样的活动、人的整个社会生活都是实践的，都属于人类广大的人生实践范围，既包括道德活动、政治活动、经济活动，也包括人的审美活动和艺术活动，这样，艺术活动也就成了人的全部人生实践的有机组成部分。同时，朱立元认为马克思所说的实践是否定现成事物、改造世界的活动，是创造的、开放的、未完成的和具有无限可能性的人类存在方式和发展方式："在实践活动中不但世界不断生成、开显和变动，而且人不断改造自身而向人生成，同时，人与世界双向建构。"[1]可以看出，朱立元所理解的实践范畴具有更为丰富的内涵和阐释空间，这为他突破实践美学原有的局限，发展实践美学，建立实践存在论美学奠定了基础。

第二节 现代美学的思维方式

朱立元建构以实践存在论为基础的本体论美学，突破了传统

〔1〕 朱立元等."实践"范畴的再解读.人文杂志，2005(5).

认识论的束缚,即突破了主客二元对立的认识论的思维模式。这一认识是朱立元在重新研读、阐释马克思主义唯物史观,清理中国当代美学和现代西方美学的发展路径之后得出的科学结论。

朱立元认为,20 世纪五六十年代诞生的四派美学在一定程度上都是二元对立思维模式的产物。以吕荧、高尔泰为代表的主观派,把美、美的规律、美的标准全都归结为主观的,既不符合生活的实际,又不符合反映论的基本原则。以蔡仪为代表的客观派美学,虽然坚持了唯物主义反映论的基本原则,但仍具有明显的形而上学机械性,而且把美学研究完全局限于认识论范围,把美学缩小到被动的反映论(美感反映美)上。以朱光潜为代表的主客观统一派美学虽然看到了主观意识在审美活动中的重要作用,但最终还是把美归结为主观意识的产物。以李泽厚为代表的客观社会派认为,美一方面是客观的,另一方面又离不开人类社会,美是客观的社会生活属性,初步具有了后来实践美学的理论框架和逻辑言路。到 80 年代,李泽厚又全面建构了自己的主体性实践美学。但是,朱立元认为,在李泽厚的美学体系里,"美学的基本问题是认识论问题。他从美感讲起,认为美感是对客观的外在的美的认识、反映、感受、体验,这样,整个美学的基本问题就被狭隘地框在认识论范围中了"[1]。尽管李泽厚后来努力超越主客二分,但并未完全摆脱,"这就使得李泽厚的主流派实践美学陷入了停滞不前的状况"[2]。朱立元认为李泽厚的"主体性实践美学"或"人类学本体论美学"以主体性为前提,实际上与笛卡尔的"我思故我在"的主

〔1〕 朱立元. 漫谈实践存在论美学. 中文自学指导,2007(1).

〔2〕 朱立元. 关于实践美学发展的构想. 河北学刊,2007(1).

客二分思想是一样的。李泽厚的主体性思维与西方认识论主客二分的思维是一脉相承的。李泽厚把美确立为现成的存在,并且提出工具本体和情感本体,这就出现了两个本体,陷入了二元对立的思维模式,而且也无法解释实践从物质生产到精神活动,特别是审美活动之间的关系。到了90年代,蒋孔阳在吸收各家之长的基础上进行创造性综合,创立了以实践论为哲学基础、以创造论为核心的审美关系学说,在思维方式等方面超越了前四派美学,成为中国当代美学"第五派"[1]。朱立元在蒋孔阳的美学思想中发现了突破主客二分思维模式的潜质。

同时,朱立元又考察了传统西方美学在二元对立思维模式指导下的发展历程,看到了西方现代美学对二元对立思维模式的批判和超越的力度,认为叔本华、克罗齐、弗洛伊德和尼采等人的美学是对几千年以来西方哲学美学思想中根深蒂固的思维和存在二元对立思维模式的反叛,并认为这种强调感性生存的美学方式有代替主客二元对立认识论美学的充分潜力。进入20世纪,打破传统形而上学二元对立思维模式的要求成为西方美学现代性的主要标志之一。寻求这种超越的努力首先反映在胡塞尔的现象学中,胡塞尔现象学的两个中心概念——"生活世界"与"交互主体性",体现了他对思维与存在、主体与客体的二元对立思维方式的超越。继胡塞尔之后,海德格尔从"在世界之中存在"的基本命题出发,逐步建构起其"基础存在论"美学。这是对思维与存在、主体与客体二元对立的一个重大超越。此后,伽达默尔的阐释学、德里达的

---

〔1〕 朱立元.当代中国美学"第五派".见美学与实践.广西师范大学出版社,1999.

解构主义和哈贝马斯的交互主体性等理论都为突破主客二分思维模式作出了贡献。所以朱立元说:“我们看到,试图克服传统认识论思维的弊病然后超越这种思维方式,成了西方现代美学寻求新的发展和突破的一个基本趋势,这种思维方式的根本改变使得西方现代美学获得了极大的突破性发展,它的丰富性、建设性和生长潜力几乎超过了以往全部美学观念的总和。这也给我们尝试突破中国当代美学发展的瓶颈提供了重要参照和启示。”〔1〕因此,存在论就是要跳出主客二分的认识论,返回到人与世界最本原的存在,人和世界是不可分割的一体,人就在世界中存在。

更重要的是,朱立元通过仔细研读马克思的著作,重新学习马克思主义的唯物史观,发现马克思的实践哲学原本就包含着存在论的维度,在突破主客二分思维模式方面具有重要意义。朱立元认为,在马克思的学说中,实践概念与存在概念有一种本体论上的共属性和同一性,两者揭示和陈述着同一个本体领域,实践就是人的存在方式,“人正是在实践活动中展开他的自我创生活动,开显他的存在意义,获得他的存在方式的。世界也正是在实践中才生成为人的世界,才作为人的世界而存在”〔2〕。这样,从实践着眼,凸显实践与存在的同一性,马克思的实践论就突破了主客二元对立的认识论的思维模式,“在人类思想史上真正科学地解决了主体与客体、人与自然之间关系问题的,是马克思所创立的实践哲学”。〔3〕可见,朱立元理解的实践是从存在论维度理解和阐释的实践,这样实践就成了人存在的基本方式,实践与存在也就揭示着

〔1〕 朱立元. 走向实践存在论美学. 湖南师范大学社会科学学报,2004(4).

〔2〕 朱立元. 简论实践存在论美学. 人文杂志,2006(3).

〔3〕 同〔2〕.

人存在于世的本体论含义。也就是说,人在世界中存在,就意味着在世界中实践,实践是人的基本存在方式,实践与存在都是对人生在世的本体论(存在论)陈述。

基于上述认识,朱立元认为中国当代美学要实现突破和发展,就必须突破二元对立的认识论美学的思维模式。实践存在论美学就是把实践论和存在论结合起来,使实践立足于存在的基础之上,存在具有实践的品格。这样,朱立元的实践存在论美学就与主流实践美学既有联系又有区别,形成了自己的特点。

第三节 审美活动论

在继承蒋孔阳"美在创造中"等思想的基础上,朱立元还提出了实践存在论的一个基本主张,就是用生成论取代现成论。朱立元认为认识论思维方式的另一个显著特征是"现成论"。朱立元主张美不是从来就有的,而是生成的,一部分自然现象生成为自然美,从而成为我们的审美对象。"在审美活动中,审美主体与审美对象同时生成,时间上没有先后,但逻辑上审美活动在先。"〔1〕因此,他主张美学研究的基本对象是人与世界的审美关系,把审美活动作为美学研究的主要对象和逻辑起点。

朱立元认为,美是在审美活动中生成的,而审美活动并不是从

〔1〕 朱立元.漫谈实践存在论美学.中文自学指导,2007(1).

来就有的，而是从人类早期与自然之间的斗争、生存的实用关系发展而来，并随着人类社会经济和文化的发展而发展，这样人类才建立了与自然、社会之间的审美关系。因此，人类的审美活动是“从无到有，从简单到丰富不断生成的，而且只要人类和人类文明还存在，这种审美活动和（广义的）美就会继续生成下去、永远生成下去”[1]。

朱立元认为，审美对象与审美主体只在审美活动中现实地生成。美“不是现成的、固有的，而是生成的、现时的，美只存在于正在进行的审美活动中，存在于动态的创造中，面向未来，生生不息。现实的美和现实的审美主客体都是在现实的审美活动中生成的”[2]。这样，审美活动就处于了美学研究的中心环节。他还认为审美活动极大地扩展了人的生存境界，提升了人生境界。在这个意义上切入美学，审美活动就可以用两个基本命题加以概括：审美活动是一种人生实践；广义的美是一种人生境界。朱立元说：“我想，抓住审美活动是一种人生实践、广义的‘美’是一种人生境界这两条，实践本体论就能找到从哲学切入美学的具体路径；就能在新世纪中，进一步发展和建设实践本体论美学。”[3]

朱立元继承了马克思的看法，认为人只有在实践活动中才能得到越来越全面的发展，并在实践活动中确定自己的本质。而审美活动是众多的人生实践中的一种，是人的一种高级的精神需要，

---

〔1〕 朱立元. 走向实践存在论美学. 湖南师范大学社会科学学报，2004(4).

〔2〕 朱立元等. 真的探索　美的追问——朱立元教授访谈录. 中文自学指导，2005(4).

〔3〕 朱立元. 发展和建设实践本体论美学. 广西师范大学学报，2001(1).

而且是见证人之所以为人的最基本的方式之一，是人与世界的关系由物质层次向精深层次的深度拓展，是最能体现人超越动物、体现自我本质和生存方式的人生实践活动。由此，实践美学的研究对象就应该定位于人的审美活动，确定人的审美活动是一种人的基本存在方式和基本人生实践。马克思也强调，人要全面地占有自己的本质力量，强调自然的彻底的人道主义和人的彻底的自然主义的统一，就要塑造健全的人、充实的人，而审美在人的整个实践过程中具有不可替代的作用。正是在这个意义上，朱立元认为，"审美活动是一种基本的人生实践"〔1〕。

同时，人生实践活动是极其丰富的，这些丰富的活动并不处在同一个层面上，有高层次和低层次之分。这种不同的层次可以说就是不同的人生境界。因此，"人的生存是讲境界的，人是一种境界性的生存"〔2〕。审美活动可以超越现实生活的限制性和道德制约性，在超脱于主体功利和外界功利的基础上实现生存样态的不断丰富和发展，从而追求更高的人生境界。在中西方美学传统中，审美境界都是最高的生存境界。因此，朱立元说："审美活动就是把人从单纯的生物本能活动中提升出来、大大扩展其生存空间的界限，扩展它与自然万物之间的关系的活动。审美活动把人的生存边界和界限大大扩展了，所以审美活动是人的一个高的境界。"〔3〕

朱立元将生成论的思想追溯到蒋孔阳那里。蒋孔阳强调审美关系是一种丰富、复杂与变动不居的生成关系。这种生成论思想

〔1〕 朱立元. 走向实践存在论美学. 湖南师范大学社会科学学报，2004(4).
〔2〕 同〔1〕.
〔3〕 同〔1〕.

是对形而上学思维方式的超越。朱立元认为，蒋孔阳“讲美在永远生生不息的创造中，就体现出突破本质主义和现成论思路的初步尝试，当然这里不是指物质实践上的创造。他建构了从哲学到美学的许多过渡环节和中介环节，这样就不是从哲学基础直接进入美学层面了。他的一些思想，我认为在一定程度上弥补了实践美学的一些不足和相对薄弱的地方，对实践美学的发展有推进作用，同时，也为当代中国美学的发展拓展了进一步思考的空间”[1]。

具体说来，朱立元认为蒋孔阳的创造论美学思想为实践美学的未来发展指出了方向：首先，“审美关系”说孕育着突破了形而上学主客二分的思维方式的潜质，将美(审美对象、客体)与美感(审美主体)还原、放置到人与现实的具体的、生成的、变化的审美关系中去，这种思维方法孕育着对形而上学实体化、现成论思维方式的超越。其次，“美在创造中”对本质主义美论的现成性、凝固性思维进行质疑和挑战，蕴含着生成论的思想；第三，蒋孔阳的美感论强调了对象形式与主体心理的符合而形成和谐感，指出了审美给我们带来的自由感，从而把自由感看成美感的最高状态和审美的最高境界，这就超越了认识论美学的思路。所以，朱立元说：“总之，美学在蒋孔阳这里成为一个以人为中心，以艺术为主要对象，以人生实践为本源，以审美关系为出发点，以创造—生成观为指导思想和基本思路的理论整体。这个理论整体体现出一种突破形而上学主客二分思维方式的最初尝试，也是为美学的一种新的

〔1〕 朱立元等.真的探索　美的追问——朱立元教授访谈录.中文自学指导，2005(4).

存在论奠基。……我们从蒋孔阳的实践美学理论中看到了希望，看到了一条通往未来的道路。”[1]

第四节 实践存在论

朱立元主张把生存论引入实践美学，并以此发展实践美学。朱立元的实践存在论美学的目的在于从存在论维度讨论审美活动。审美作为人生实践的基本方式之一，可能从实践存在论更能直接更有效地切入美学。他认为马克思也深切关注存在问题，而且他认为蒋孔阳的实践创造论美学思想里已经包含了存在论的成分。从马克思和蒋孔阳等人的思想出发，并且在海德格尔等人的影响下，朱立元提出了他的实践存在论思想，把实践看成是存在的核心。他强调人与世界在原初的存在论上是不能分开的。

朱立元的实践存在论思想首先在于继承和深化了蒋孔阳的实践生成论思想，他认为蒋孔阳的生成论思想已经包含了丰富的存在论思想，并为美学初步奠定了实践存在论的基础。因此，发掘蒋孔阳美学思想中的现代性因素和存在论思想在为美学寻找存在论基础方面具有重大意义。朱立元认为，在蒋孔阳的美学思想中，“人是世界的美”这一命题比较集中地体现了蒋孔阳寻找美学存

〔1〕 朱立元. 关于实践美学发展的构想. 河北学刊，2007(1).

在论基础的努力。这个命题可以按照以下两个层次加以理解：第一，"人是世界的美"说明，离开人，离开人与世界的现实关系，离开人的生存世界，离开人的具体的审美实践活动，也就根本无所谓美；但这并不是强调美的主观性，而是揭示美是在人与世界、人与现实的特定关系中生成和存在的，美的生成，美的意义，美的发生和创造，无不处在人的生存世界之中，与人的生存方式、生存活动息息相关。第二，"人是世界的美"说明人是美的中心，这就是说，生存世界是美的本源还不足以完全解释美的原因和本质，生成美的因素和积累只有进入到的人的生存实践之中，成为人生实践的一个环节和因素才可能发挥人的作用和影响，实现美的突创和飞跃；但这并不是鼓吹人类中心主义，而是在存在论基础上力主超越人与世界（自然）、主体与客体的二元对立，达成两者的和谐共处。这两层含义表明，"蒋先生实际上是在为实践美学的进一步发展寻找新的存在论根基"[1]。

朱立元还借鉴了海德格尔的存在论思想，特别是海德格尔的后期存在论思想。在海德格尔看来，西方美学自柏拉图以来，直到康德，一直"耽搁了一件本质性的大事：耽搁了此在的存在论"[2]。因此，海德格尔认为传统认识论思想没有对主体自身的存在本身有所领悟，这样就不能真正指明存在；只有把人的当下生存的"此在"状况当做一切存在论的基础，使人的存在获得优先地位，才能为哲学找到一个可靠的新基地。这样一来，就没有一个抽象的人先在地存在某处，人就在世界之中；也没有一个纯粹客观的

[1] 朱立元. 寻找存在论的根基——蒋孔阳美学思想新论探之二. 学术月刊，2003(12).

[2] 海德格尔. 存在与时间. 北京三联书店，1999. 28.

世界等待人来认识，人与世界都必须在相互交往中而存在。这样，朱立元就从海德格尔的这种观点之中汲取了生成论和审美关系的思想，并与马克思的实践观结合了起来。但是，学界有人担心实践美学借鉴海德格尔的存在论会导致离开马克思的唯物史观，或者把马克思主义海德格尔化。朱立元认为这种担心是没有必要的，我们应该以马克思的唯物史观或实践唯物主义为基础，有批判地借鉴、吸收海德格尔后期存在论中的合理因素。而且，马克思的唯物史观就是以实践为基础的人的社会存在观。

在朱立元看来，马克思的实践论本来就有存在论的维度，只不过，限于历史条件，在当时没有得到充分展开。马克思的存在论维度就是社会存在，社会存在是马克思实践哲学的一个基本问题；社会存在离开实践就没有地方依存，实践离开社会存在就失去了马克思实践哲学的本质，与黑格尔的实践没有了差别。朱立元认为，马克思的实践是指人的感性活动，是人的存在的基本方式；马克思的实践论本身就包含着存在论的维度，马克思存在论的核心就是实践论。在马克思那里，实践与存在不是对立的，而是完全可以统一也应该统一的。现实的人的本质也是在实践中，在感性活动中得以展开的。因此，朱立元认为："从存在论维度理解和阐释实践，在某种意义上是对马克思主义实践范畴本来意义的恢复、还原和再阐发。"[1]朱立元还用马克思主义实践论来阐释和改造海德格尔的"人生在世"观点，把实践看成是人生在世的基本方式。马克思说过："人不是抽象的蛰居于世界之外的存在物。人就是人

〔1〕 朱立元等.真的探索　美的追问——朱立元教授访谈录.中文自学指导，2005(4).

的世界。”[1]朱立元引用了这段话，认为马克思高于和超越海德格尔之处是用实践范畴来揭示此在在世（人生在世）的基本在世方式：“海德格尔的存在论始终没有达到马克思的实践论的高度，而马克思则把实践论与存在论有机结合起来，使实践论立足于存在论根基上，存在论具有实践的品格。”[2]

这样，蒋孔阳的实践生成论、海德格尔的存在论和马克思的实践论在本质上具有了同一性，这些思想资源共同构成了朱立元实践存在论美学的主要思想基础，使实践美学突破了传统认识论、反映论的思维模式和本质主义的研究思路，为美学的许多具体问题的展开和深化提供了新的理论基点和视野，为实践美学的向前发展作出了贡献。

〔1〕 马克思恩格斯选集：第1卷. 人民出版社，1997.1.
〔2〕 朱立元. 漫谈实践存在论美学. 中文自学指导，2007(1).

第十二章

超越实践美学观

实践美学从诞生之日起，一直受到各方面的质疑和挑战。从上世纪 90 年代开始，以杨春时等人为代表，以现代西方美学，尤其是现代西方的生命美学、存在主义美学、现象学和阐释学等美学思想和方法为武器，对实践美学的理论基础、逻辑言路和方法依据提出了持续全面的批评质疑，形成了所谓的“后实践美学”。除此之外，有一些既不属于实践美学也不属于后实践美学的学者，既反对后实践美学在理论体系和批评方法方面的不足，也反对实践美学以实践为逻辑起点来解决美学问题的做法，提出了自己的看法。在批评实践上，后者比后实践美学者更具理论锋芒，直接提出“实践美学终结论”的主张，或者从实践美学的代表人物李泽厚的美学基石出发，进行解构工作，力求在逻辑上消解实践美学的理论基础和逻辑体系，抹杀实践美学在当代中国美学界的理论功绩。我们认为，不论是后实践美学者还是其他一些学者，他们都没有以客观公正的眼光来审视实践美学在当代中国的价值及其发展潜力，而是在某种预先设定好了的目的框架之下进行自己的批评工作。这些批评质疑有些也确实击中了实践美学某些理论上的不足之处，在客观上也促进了实践美学学者对这些问题的重视。但是，他们从某种预先设定好的意图出发，消解实践美学的价值和功绩的做法确是十分不可取的。实践证明，他们的批评还远不能和实践美学坚实的理论体系相抗衡，他们只有解构没有建构的批评工作还需要进行深刻的反省。

第一节

杨春时美学思想的内在矛盾

杨春时的超越美学是当今实践美学与后实践美学之争的主要代表。在杨春时看来，实践美学是启蒙性质的主体性美学，不能解决审美作为自由活动和真理的体验何以可能的问题，因此需要建立主体间性美学。在具体的建构方面，杨春时以反思—超越的现代性代替启蒙现代性，以生存本体论代替实践本体论，以主体间性代替主体性，全面建构了超越美学的理论体系。这样，反思—超越、生存本体论、主体间性就成了理解其理论体系的关键所在。但这些概念之间的逻辑关系在杨春时美学体系中是不严谨，甚至混乱的，由此造成其美学体系的内部矛盾，消解了自身的价值。

一、反思—超越的现代性

杨春时批判了实践美学的启蒙现代性，主张建立反思—超越的现代性美学。他说："在散文时代，人的在存状态正在发生根本性的变化，现代性带来社会发展的同时，也给人的生存造成困境。首先，计划经济体制下的集体性生存被打破，走向个体性生存。其次，在商品关系下，有可能发生人与人关系的疏远化。最后，理性与非理性发生冲突，精神困扰突出，生存意义问题被尖锐地提出来。在这个历史条件之下，实践美学所讴歌的实践以及现代性……不能解决现代人的精神需求。……在散文化的挑战下，美学应当如何回应，如何帮助人们度过精神黑暗的时代，这是必须解决的问题。美学作为审美活动的理论总结，不是时代的应声虫，而是要超越现实，成为批判的武器。因此，在发展现代性的同时，必须对现代性保持警惕和反思的态度。”[1]但是，在与汪晖论争的文章中，杨春时又认为，中国仍然处在启蒙现代性的阶段，启蒙的任务仍没有完成。针对汪晖中国现代性启蒙已经完成的观点，杨春时认为，虽然市场经济发展已经使中国面貌发生很大变化，但这种变化仍没有改变中国前现代性的性质，在这个历史时期，政治文化领域的变革更尖锐地提到日程上来，因此，“启蒙任务没有完成，应该在市场经济条件下继续启蒙工作”[2]。杨春时在其论述中国现代性与20世纪中国文学关系的系列文章中，以积极的态度迎接现代性的到来，并认为当代中国正受到反现代性思潮的影响，具体来讲，就是民粹主义、民族主义、对个人主义的拒斥以及科学主义态度。只有克服这些心理焦虑，中国现代性才可能实现。

由此可见，杨春时的美学理论与他对现代性的看法之间存在明显的矛盾，他一方面认为实践美学是启蒙时期的美学，应该被后实践美学取代，另一方面又认为中国还没有完成启蒙任务，还要把这一任务继续下去。这就造成了现代性问题在杨春时思想体系内的矛盾。首先，他对实践美学的启蒙性质的批判促使他进行后实践美学的建设，其建立的基础生存本体论是在完成启蒙任务以后

---

〔1〕 杨春时等.实践美学与后实践美学论争的意义.学习与探索，2006(5).
〔2〕 杨春时.现代性批判的错位与虚妄.文艺评论，1999(1).

中国所处的历史基础上提出的，他的生存本体论描述也带有十分明显的后现代色彩；其次，他对中国现代性的认识说明，现代性启蒙在中国还处于“未竟状态”，还是一项有待完成的工程。那么，美学包括实践美学和后实践美学，在当代中国应该有何作为呢？中国美学的任务是启蒙还是抵抗散文化？这些问题在杨春时美学思想的矛盾性面前失去了回答的可能性。

杨春时美学思想的内在矛盾来源于他对现代性认识的混乱。文化现代性、启蒙现代性、审美现代性、后现代性等不同的现代性理论在杨春时的“反思—超越现代性”理论面前失去了各自的独立性。这一概念正是一个相当模糊、没有确定内涵的“杨春时式的现代性概念”。杨春时对实践美学启蒙性质的攻击是从实践美学的理论基础实践本体论开始的，并企图用个体生命存在本体论替代实践本体论，建立反思—超越的美学体系。在杨春时看来，实践本体论以及实践哲学带有传统理性主义印记，实践本体论所说的物质实践的作用在未来高度发达的社会里将被扬弃掉，决定社会发展的将不是物质实践而是精神生产，而且实践本体论有只注重社会实践而轻视个体存在的倾向，因此实践美学具有“历史的局限性和理论上的不足”。〔1〕

如果我们依照哈贝马斯的现代性逻辑言路来看杨春时的“反思—超越现代性”，会发现杨春时观点的更大的疏漏。在哈贝马斯看来，现代性作为启蒙哲学家的精心规划，到现在为止，还是“一项未完成的设计”。哈贝马斯在《现代性与后现代性》一文中说：“由启蒙哲学家精心阐述的现代性规划，是一种遵循其内在逻

〔1〕 杨春时.走向后实践美学.学术月刊，1994(5).

辑坚持发展客观的科学、普遍的道德和法律与自主的艺术的努力。同时,这个规划旨在把每个领域的认知潜能解放出来,使之从令人费解的宗教形式中摆脱出来。"〔1〕但是,随着20世纪现代性问题研究的深入,对于现代性问题的解构以及后现代理论开始以激进的面貌出现,各种以无政府主义为底色的审美自由主义和审美超越主义也粉墨登场了。面对这种情况,哈贝马斯说道:"后现代思想只是自以为处于超越的位置上,而事实上他们仍然滞留在由黑格尔所阐明的现代性的自我理解的前提之中。……新保守主义或审美无政府主义打着告别现代性的旗号,而试图再次反抗现代性。这就是说,它们也可能只是在掩盖其与披着后启蒙外衣的反启蒙的悠久传统之间的同谋关系。"〔2〕实际上,杨春时一方面认为启蒙现代性在当代中国已经完成,一方面又坚持启蒙现代性在中国的持续性过程,这就使他的"反思—超越现代性"属于典型的"披着后启蒙外衣的反启蒙"的美学形态。

二、生存本性论建构

杨春时认为,实践美学以实践哲学为基础,以实践本体论为理论基石,以物质生产活动解决美的起源和本质问题,虽然突出了主体性,但仍然不能证明审美的自由性和真理性,对客体世界的征服不能产生审美活动,审美的真理性无从论证。因此,实践美学是实践万能论者,并不能解决现代审美领域出现的新问题。为此,杨春时以生存本体论(生存哲学)为基础,建立了超越美学。在杨春时

〔1〕 周宪.文化现代性与美学问题.中国人民大学出版社,2006.3.
〔2〕 于尔根·哈贝马斯.现代性的哲学话语.译林出版社,2004.5.

看来,社会存在是历史唯物主义的逻辑起点。由于马克思专注于解决历史发展之谜和革命道路等实际问题,没有机会专注于哲学体系的建构,因此,历史唯物主义更多地强调社会存在的实践内容,甚至在同等程度上使用它们。这就使马克思的历史唯物主义变成了实践哲学,是实践本体论;而实际上,正确的提法应该是社会存在哲学或社会存在本体论。所以,杨春时把社会存在作为马克思主义哲学的基本范畴,进一步剔除社会存在的形而下成分,使其上升为纯粹的哲学范畴,即生存。杨春时认为,"生存是哲学本体论的基本范畴,是哲学的逻辑起点,它符合基本要求,是不证自明、无可怀疑的公理"[1],生存的本质就是超越。第一,它可以突破现实文化观念,获得对世界的终极认识和实现自身的终极价值,实现对理性的超越;第二,它可以超越现实,解决生存本身的烦恼,在对现实的超越中使生存获得归宿;第三,生存本质上是精神性的,它可以实现对物质的超越;第四,因为生存的本质又是个体性的,因此它可以超越社会性,使个体获得独立和全面发展。在这四点超越性的基础上,可以看到,超越的本质就是自由,是超越理性、超越现实、超越物质、超越社会的自由。这就把生存上升到本体论的地位了。

实际上,杨春时在某种程度上忽略了实践美学的青年马克思思想来源,把历史唯物主义等同于实践唯物主义,批评指向发生了偏离;其逻辑起点"社会存在"是个人生存,也不是马克思主义哲学所谓的社会存在,因此后实践美学并不能算是实践美学范畴,不能算是实践美学的延续和发展,这也是有些学者称后实践美学为

---

〔1〕 杨春时.生存与超越.黑龙江社会科学,1995(4).

"非实践美学"的原因。第一,杨春时一方面在强调对理性的超越,但另一方面又在"纯粹的形而上的哲学范畴"的基础上构建美学,从而自己消解了自己;第二,杨春时一方面在说生存本质是苦恼,这延续了存在主义美学对生存的看法——一方面又认为生存的本质是超越,概念含义的混乱消解了其论述逻辑;第三,杨春时一方面说社会存在是逻辑起点,一方面又说生存本质上是精神性的,这就造成了逻辑起点与演绎过程的矛盾;第四,极端强调个体生存的趋社会性,把人作为个体存在,在一定程度上剥夺了人的社会本质,审美的可能性问题变得极端宽泛而失去了边界,从而消解了审美追求。因此,杨春时的生存本体论还没有上升到本体论的高度,还只是比较世俗化的生存论,与哲学本体论具有较大的差距。

当杨春时在批评实践美学和新实践美学的"实践乌托邦"的时候[1],没有想到自己正在建构"审美乌托邦"。杨春时的做法和胡塞尔一样,把纯粹意识的形成转换为纯粹意识的生存论,把人的实践性强制性地赋予了存在论的意义。这是一种方法论意义的反讽与解构,超越美学也因为过度滞于生存的自我阐释而缺乏以实践为基础的历史发展向度。实践美学,尤其是实践存在论美学则从现实活动中的生命个体出发,从人的实践活动本性和自由自觉的类生活本性出发,把人的生存与一般的生命活动区别开来,把生存的主体直接定位于现实活动中的人,把生存看做是属人的意义范畴,通过实践活动以及生活世界的丰富性去理解人的生存活动,从而揭示了个体生存的全面丰富的内涵;把人与整个自然界看

〔1〕 杨春时.实践乌托邦批判.学术月刊,2004(3).

成是一种关系性的相互存在，赋予外部自然以属人化的生存意义，从而把生存看成是人追求自身本质和自由的历史性生命活动，在实质意义上赋予生存以历史理性的规定性。

因此，实践美学所关心的根本问题就是人的现实的生存，实践存在论美学也把个体现实生存的自由和审美的实现作为研究的根本任务。从理论形态上看，实践存在论美学把自然、人、社会通过实践活动及其所实现的自为的、开放的和历史的审美要素统一了起来，是一种动态的美学系统。这就把超越美学人为地割裂个体与社会之间的互动关系的做法扭转了过来。从理论功能上看，实践存在论美学将主体生存确定在主体发展的最高自由阶段，因而把人的生存看成是通过具体的实践活动扬弃现实生活中的个体局限从而实现个体的审美化生存。同时，实践存在论美学视野中的审美个体是指与社会关系紧密互动的生存主体，其最终目的是实现整体生存的自由审美境界。

同时，杨春时对实践的错误认识使他对审美过程中主客关系的理解也存在问题。杨春时说："实践具有现实性，是异化劳动。……劳动是对象化的过程，而对象化就是异化；实践自诞生之日起，就是异化劳动，而且这种异化的性质不会在现实中消失。"[1]这种把实践与异化等同的看法必然造成杨春时对一切现实问题的否定，包括实践过程中主体与客体的关系问题，由此，建立在实践基础之上的审美关系自然也遭到杨春时的全盘否定。杨春时把实践与异化等同，彻底否定实践在审美活动中的地位和作用，那么如果没有实践，审美活动又如何成为可能？审美关系又如

〔1〕 杨春时等. 实践美学与后实践美学论争的意义. 学习与探索，2006(5).

何产生？就像马克思所说的那样，真正的自由只存在于物质生产领域的彼岸。没有以物质生产为基本内容的实践活动，自由从何而来？没有实践活动改造人类的躯体、意识，形成语言，人又如何产生对自由的渴望？没有实践创造的社会发展，人类仍处在被外物奴役的状态下，审美超越又如何成为可能？这些问题的回答在杨春时的美学体系里付诸阙如。

事实上，实践作为主体与客体之间能动而现实的双向对象化的过程，指的是实践活动中客体的主体化和主体的客体化的辩证统一的过程。在实践活动中，作为客体的对象会通过各种途径和方式对主体产生影响，作为客体性的东西会转化为主体性的东西；同时，主体通过现实的实践和观念方式对实践客体产生影响，将主体自身的各种本质力量和主体性结构能动地渗入、融合到客体之中，使客体成为属人的客体，从而体现着人的本质力量和主体性结构。同此，在审美活动之中，主体与客体的关系也是双向对象化的关系。当主体通过社会实践能动地适应对象时，对象便造就了具有精神意义的主体，主客体之间也就逐渐形成了审美关系。否认在审美活动中有主体与客体的关系，也就否定了审美关系的存在，没有审美关系，审美活动也就不可能存在，“审美超越”、“自由生存”也就没有任何意义了。实际上，审美关系具有对人与自然以及真、善、美强烈的兼容性，不仅体现出普遍有效性，还具有独特的个性化特征，并随着社会历史的发展而不断向前推进。在这一关系中，客体作为主体愉悦情感的对象存在，已经超越了形与质的层面，脱离了与主体固有的现实关系，在主体的心灵中达成了物我合一的关系；同时，主体也尊重对象及其形式和规律，不以实用原则去取舍对象，也不用概念、逻辑去肢解对象，而是以己度物，形成与对象之间的和谐关系。这两者只有同时出现审美自由和现实超越才可能成为现实。

在上述的理论视野之下考察杨春时的生存论美学,就会发现其体系具有先天的弊病。杨春时极力强调现实的社会关系对个体的异化导向,强调他人对个体审美的阻碍与遮蔽,所以他说:"现实的社会关系往往会导向异化的关系。"又说:"在这种现实关系中,主体不可能是自由的。"[1]为了反对实践美学的理性主义倾向,杨春时强调审美活动的超理性特征,认为"审美还克服了非理性和理性的对立","超越现实必须超越理性"[2]。在强烈的非理性主义和超理性主义的思想导向下,自我与他人绝对隔绝起来,个人完全隔绝在社会系统之外,这就使生存论美学陷入了感性个体的困境之中,从而使其呈现感性个体生命价值和意义的愿望失去了现实依据。

三、主体间性美学

杨春时认为,实践美学是主体性美学,而主体性是启蒙时代的哲学思潮,它以哲学思辨的方式肯定了人的价值。但是,在现代社会,主体性的历史实践产生了严重的负面作用,人对自然的征服导致生存环境濒临灭绝,个体的膨胀导致生存价值的丧失;另外,主体性哲学的理论缺点凸显出来,并导致唯我论,不能解决认识何以可能以及自由何以可能的问题。于是,主体性哲学的这些弊端自

〔1〕 杨春时.从实践美学的主体性到后实践美学的主体间性.厦门大学学报,2002(5).

〔2〕 杨春时.超越实践美学　建立超越美学.社会科学战线,1994(1).

然也就成为实践美学的弊端，即实践美学不能解决审美的自由和超越本质的问题。所以杨春时的主体间性美学认为现实存在是非本真的，作为主体的人与作为客体的世界的关系是对立的，人类征服世界，世界抵抗人类，实践即异化，因此人与自然、人与人之间必然存在对立关系，从而也没有自由可言。所以，本真的存在不是现实的存在，而是可能的存在、应然的存在，并指向自由；本真的存在何以可能，就在于超越现实存在，超越主客对立的状态，进入物我一体、主客合一的境界。这就要把客体升格为主体，变主体与客体的关系为主体与主体的关系，把现实存在的主体与客体的对立转化为自我主体与世界主体之间的平等交往，建立一个主体间的关系，才能达到本真的存在。“这就是主体间性的存在，存在的主体间性。”〔1〕

“客体变主体”是杨春时主体间性美学的核心观念。这一观念必然会导致从审美自由走向宗教神学从而剥夺审美自由的道路。在杨春时看来，海德格尔的“天、地、神、人”四方游戏是主体生存的最高境界，而海德格尔的这一建构本质上是一种浓厚的复古主义情结的反映，其实质是他对现实生存的本质拒斥。所以，杨春时的美学体系中充满了超越现实的各种言论，以及把客体变成主体的宗教情结，这就从审美走向了原始时期的万物有灵观和近代的宗教主义，所以杨春时认为，要“把世界当作另一个主体，才能达到自由”。

早期杨春时还注意到主体与客体的本质区别，说：“人的存在

〔1〕 杨春时. 本体论的主体间性与美学建构. 厦门大学学报，2006(2).

不同于物的存在和动物的存在，就在于它是有意识的存在。”[1]可是，随着他对主体间性误解的加深，“客体变主体”这类主张反而成为后期美学的口号，这是他从美学走向神学的反映。所以，他强调审美的超验性质，把无人类生命的客体变成有人类生命的主体，客体也成为和人一样有意识、有喜怒哀乐的人格主体。“只有把世界当作另一个自我，与之交往、对话，才能体验和理解世界，获得存在的意义。”[2]这就把原始的万物有灵观和宗教情结披上了现代哲学美学的外衣。杨春时虽然批判了宗教哲学的主体间性，但是他的审美主义的主体间性理论仍然具有浓厚的宗教气息。他说：“审美主义是对现代性的一种批判形式，是在此岸与彼岸分离后的一种超越途径。……审美的主体间性是最充分的主体间性，它克服了人与世界的对立，建立了一个自我主体与世界主体和谐共存的自由的生存方式。审美中的世界不再是冷冰冰的死寂之物，也不再是与自我对立的客体，而是活生生的生命、主体，是与自我亲密交往、倾诉衷肠的知心者，不是‘他’而是‘你’。”[3]

即使是杨春时赞同的中国庄子美学和禅宗美学在强调承认自然、自我与自然双向交流的时候，也并不是排除审美的主体性。自然也是人格化的自然，而不是与人具有同等地位和性质的自然。在中国古典美学思想中，儒家、老庄和禅宗都肯定审美活动中主体的地位，在这一前提之下强调人与外在客体世界的物我合一、交流

---

〔1〕 杨春时. 生存与超越. 黑龙江社会科学，1995(4).

〔2〕 杨春时. 从实践美学的主体性到后实践美学的主体间性. 厦门大学学报，2002(5).

〔3〕 杨春时. 主体间性：从信仰主义到审美主义. 朱志荣. 中国美学研究丛刊：第2辑. 上海三联书店，2007.

往复，形成圆融自在的审美关系。孔子以山水比德，孟子强调主体的浩然之气，都是强调主体的身心要求与自然节律的呼应，在主体心灵中成就审美的自由之境。老庄注重消除自我，扬弃身、观的拘泥，表面上看是打破了审美的主体地位，实际上这是一种误解。因为在道家美学看来，主体要精神性地把握自然，必须先遵循自然的外在规律，必须消除自我，这样才能从精神上把握宇宙，让自然成为主体精神上的有机养分，也就是“天地与我并生，万物与我为一”。在这里，审美主体得到了肯定而不是被扬弃。禅宗美学与儒道相通，强调“即心即佛”，以主体为中心来追求自我对世俗情感的超越，也就是“青青翠竹，尽是真如；郁郁黄花，无非般若”的境界。可见，儒、道、佛都没有像杨春时所认为的那样，“客体变主体”，客体与主体是主体与主体的关系。

事实上，审美活动作为主体的一种精神活动，首先就体现着主体性的特征。柳宗元《邕州柳中丞作马退山茅亭记》：“夫美不自美，因人而彰。兰亭也，不遭右军，则清湍修竹，芜没于空山矣。”只有在物与我、身与心、个体与社会的审美关系之中，主体将人生加以体悟，主体对人生的态度超出了世俗社会的功利价值和道德法则的思考，超出逻辑的演绎，在现实生活中超出现实的束缚，获得非现实的体验，才能达到“山川与予神遇而迹化也”的自由境界。实际上，杨春时所谓的主体间性仍然是审美活动中的主体性罢了。他说：“艺术品展开的世界不是客体，而是人的世界，我们不能像对待客体那样面对艺术品，而是把它当作真正的人的生活去体验，与之对话、交往，最后达到真正的理解和同情。贾宝玉、林黛玉不是客体，而是活生生的主体，我像对待真正的人那样对待他们，与他们共同生活，彼此同情、互相理解，最后成为一体。他们的命运就是我的命运,他们的哀愁就是我的哀愁,主体间达到了充分的同一。自然作为审美对象不是客体,而是有生命、有情感的主体,它与我们息息相关、互通声气,最后达到物我两忘、万全一体的境界。所以我会见花落泪,见柳伤情,达到情景交融之境界。"[1]这些言论无非是中国古典美学意与象合、情景交融理论的翻版而已,所强调的就是审美过程中的主体性。

从杨春时的论述逻辑来看,他所遵循的也是主体性的思路。艺术品和自然的生命都是审美主体所赋予的,艺术品和自然却不能赋予主体以生命;我见花落泪、见柳伤情,花与柳见我则仍自在如常。这是不争的事实。估计杨春时对待贾宝玉、林黛玉的态度还达不到与他们同呼吸、共命运的境界,与后来读《红楼梦》以至于魂销香断者比,更是差之甚远;他对于自然美的看法,也不过"昔我往矣,杨柳依依,今我来思,雨雪霏霏"一句即以表达。在没有现代哲学主体间性的转向之前,我们古代的美学家人人皆知这个道理,杨春时却贯之以"主体间性"的名称。杨春时说中国美学的这种主体间性表现为"感应论"[2],还是古典形态的,还需要现代转换,也就是以中国美学主体间性的情感论来弥补西方美学主体间性的认识论,从而达到两者的融合。事实证明,超越美学的主体间性理论既没有超出中国美学的古典主体间性,也没有超出西方美学的现代主体间性。后实践美学所做的事情只是用中国美学古典主体间性的情感论去攻击西方现代美学主体间性的认识论,又用西方现代美学主体间性的认识论攻击中国美学古典主体间性

---

〔1〕 杨春时.主体间性:从信仰主义到审美主义.朱志荣.中国美学研究丛刊:第2辑.上海三联书店,2007.

〔2〕 杨春时.中华美学的古典主体间性.社会科学战线,2004(1).

的情感论。

杨春时使用“主体间性”一词进行美学理论的建构与当前哲学界义无反顾地接受“主体间性”这个词语的大局势有关。他先把主体性曲解为一种完全孤立的、割裂一切关系的存在物，从而引申出强调共同存在和普遍联系的“主体间性”。胡塞尔、哈贝马斯等人在讨论主体性的时候并不是把它理解为彼此割裂的、相互之间没有关系的存在物，而是看到了不同的主体性之间的关系，也就是说，主体性并不是各自孤立的，而是处在普遍的联系之中。而主体间性(inter-subjectivity)一词，把inter-翻译为“间性”这个含义模糊的词语，在对具体事物进行界定的时候也就具有模糊性。

而且，主体间性理论的出现正是存在主义哲学在寻求消解二元绝对对立的途径时的产物。在本质上，主体间性论者还是不相信主客体之间能够沟通和统一。即使是杨春时极力赞赏的伽达默尔的阐释学、海德格尔的生存论美学，也并不如他所设想的那样具有阐释的普遍有效性。以伽达默尔的阐释学为例，杨春时认为，伽达默尔的哲学阐释学建立在主体间性的基础上，认为解释不是主体对客体的认识，而是自我主体与文本主体之间的理解、问答和沟通，从而克服了历史间距，实现了视域融合。但伽达默尔本人就曾强调，人类所面临的各种有待解释的现象包含着各种“不可表达性”和“不表达性”的复杂因素。这些复杂因素与阐释者内在心理活动的复杂性紧密联系。这些不可表达、含混不清的因素在现实中一直与那些被认识和被表达的事物混杂在一起，既存在于对象之中，也存在于人的情感活动和认识活动之中，影响着人的命运和人类文化发展的方向。而且，伽达默尔把“阐释”当做人生在世和艺术创作的基本形式，从而使“阐释”具有了本体论的意味，但是他也强调艺术作品及其存在方式"必须成为我们思考的对象"，"凡是在主体性的自为存在没有限制主体视域的地方,凡是在不存在任何进行游戏行为的主体的地方,就存在游戏,而且存在真正的游戏"〔1〕。可见,在其以"游戏"为核心概念建立起来的哲学本体论阐释学体系中,也并没有消解主体性的地位,而是强调了主体性自由存在、自为审视的重要性。这与杨春时所谓的主体间性还是有较大差别的。所以周来祥说:"'主体间性'理论,只是把客体设想为主体,以实现二者的结合,这实质上不过是一种诗意的解决、审美的解决,是一种美好的乌托邦。这一点在理论上是落后于马克思的,是轻视或忽视马克思的后果。"〔2〕

由以上分析可见,杨春时美学体系的内在矛盾来源于其美学理论逻辑起点的混乱和逻辑推导过程中使用概念的随意性。第一,对我国当代现代性问题存在矛盾心态,对启蒙现代性在当代中国的发展状况没有准确把握,在既肯定又否定的境界之中徘徊游离,致使其超越美学与整个思想体系不相融合。第二,没有把握住当代哲学美学的实践存在论转向,把实践活动与异化等同,以个体生存为基本点,割断了审美与现实的基本关联,从而使审美走向虚幻。第三,以概念含糊的主体间性消解主体性,其实质仍然是审美活动的主体性问题,并没有给美学理论带来新的东西,只是一种解构大于建构的美学实践。但是,杨春时的美学思想仍然具有积极意义。首先,它对中国美学的发展状况作出思考,积极进行中国现代美学体系建构,为中国美学向前发展提供了可供参考的一翼;其

---

〔1〕 高宣扬.后现代论.中国人民大学出版社,2006.398.

〔2〕 周来祥.论哲学、美学中主客二元对立思维模式的产生、发展及其辩证解决.文艺研究,2005(4).

次，它对实践美学种种弊端的批评促使实践美学不得不深刻反观自身，努力寻求新的理论资源，在与后实践美学的论争之中实现突破和更新；第三，其以主体间性为核心概念，强调审美主体与客体之间的同一关系，是生态美学和生命美学观念的体现，也促使了实践美学对这一问题的重视。

第二节

汪济生"实践美学观解构"商榷

实践美学在上世纪五六十年代的美学大讨论中诞生并最终确立，似乎就昭示着对实践美学的论争也将伴随它的成长和发展。从上世纪八九十年代开始，关于实践美学的各种争论就层出不穷，并企图超越和代替实践美学。可是，就连批判实践美学的学者也不得不承认"实践派美学的主流地位，实际上并无多大的动摇"[1]。但是，即使是这种情况，一些反对实践论美学的学者仍然要把实践美学在中国当代美学建设中的功绩一笔抹煞。汪济生的新作《实践美学观解构——评李泽厚的〈美学四讲〉》就是一个典型代表。汪济生认为，李泽厚的实践美学观因为逻辑起点的错误而引发了一连串的连锁反应，"差之毫厘，失之千里"，是一种"误认奶娘作亲娘"的美学。[2] 可是，通读汪济生的著作之后，我们发

〔1〕 汪济生. 实践美学观解构. 上海人民出版社，2007. "自序"1.

〔2〕 同〔1〕. 231－247.

现,汪济生在解构李泽厚的实践美学观的时候,他的研究方法、逻辑起点、批评态度和审美观念都存在着值得商榷甚至失误的地方。

一、还原论的批评方法

汪济生认为,确定一个理论系统的逻辑起点十分重要,所以他把李泽厚的实践美学概念用"略图"的形式表现出来,以寻找李泽厚美学观的逻辑起点,也就是确立其解构的对象。因为汪济生认为,既然把你的逻辑起点都解构了,那么你按照这个逻辑起点演绎的美学体系自然也就失去了存在的基础,不具有存在的合理性了,所以汪济生说:"他的理论'体系'的一切问题,首先就出在他所认定的这个所谓'逻辑起点'是错误的。"[1]

但是,仅仅确定逻辑起点还不行,因为李泽厚的美学系统里有很多概念,这些概念与这个逻辑起点有什么内在联系?如何找到这些内在联系?汪济生运用的不是从客观的逻辑体系出发进行抽丝剥茧的分析的方法,而是运用了"还原"的方法。因为在汪济生看来,一个美学体系、哲学体系的所有概念都可以还原到它的逻辑起点上来。事实证明,汪济生不仅没有将李泽厚的诸多美学概念还原到李泽厚的逻辑起点上来,反而还原出一些与其逻辑起点大相径庭的结论。

汪济生在谈他的还原的方法之前,引用了易中天的文章:"我们都同意,创造具有权威性的现代美学体系,其关键是要有坚实的哲学基础和可靠的逻辑起点。整个美学的范畴体系应该也只能从这个逻辑起点中推演出来。但我还想强调三点。第一,从逻辑起

---

〔1〕 汪济生.实践美学观解构.上海人民出版社,2007.233.

点进行推演，一直推演到艺术和审美的本质特征和一般规律，是一个相当长的过程并有不少中间环节，不可能要求一步到位。第二，重要的是推演出美学的‘第一原理’，即关于美和艺术的本质的定义，然后再逻辑地顺次推演出一切艺术和审美活动的本质规律。其中，不能有任何一个规律是从另外的原则引入或外加进来的。第三，这个逻辑起点必须是在人文科学范围内不可再还原的。不可再还原，才有可靠性。”〔1〕

易中天对现代美学体系的哲学基础和逻辑起点强调的三点，十分显豁、重要：从逻辑起点演绎体系必须有很多中间环节，必须保持这种演绎的纯粹性，而且这种演绎在人文科学内是不可再还原的。汪济生引用这段话以后，没有表示意见，紧接着就把自然科学中的原子量比做美学体系的逻辑起点，说原子量可以演绎出整个元素世界，元素世界可以还原到原子量，那么实践美学的整个体系就可以还原到它的逻辑起点，并得出结论说：“必然有可还原者。”〔2〕李泽厚虽然发表过自然科学对于美学的完善有巨大作用的看法，但是自然科学对于美学的作用不是从一些美学的概念中可以还原出来的。实际上，审美活动与自然科学的问题具有本质区别，而且审美活动也是人类精神活动中最复杂、最难以准确把握的生命活动。对于审美活动的复杂性和特殊性，汪济生也有清醒的认识：“我们看到，复杂性是相当程度地存在的。……作为人的科学的美学……是人的生命中最为反差悬殊、异色纷呈、变幻多端

〔1〕 易中天.走向“后实践美学”，还是“新实践美学”——与杨春时先生商榷.学术月刊，2002(1).

〔2〕 汪济生.实践美学观解构.上海人民出版社，2007.13.

的审美感受活动。”[1]正是因为审美活动的这种复杂性，汪济生在运用自然科学的还原方法解构实践美学的时候必然“是碰到一些困难的”。这种“知其不可而为之”的还原必然会得出许多荒诞的结论，一个典型的例子就是汪济生对李泽厚“社会美”的概念的还原。

李泽厚认为，社会美在合目的性和合规律性的统一中，更多地表现出一种实现了的目的性，是从康德所谓的依存美的角度论述的，而且是在审美的领域内进行界定的。汪济生为了还原的方便，一方面对善重新定义，一方面把审美活动世俗化，等同于日常生活活动，得出结论说，在李泽厚的社会美的概念里：“善的存在，实际上成了美的最终的渊源和标志者。”[2]在这个结论后面，汪济生又加了一个“再还原一下，就成了”的十分有趣的过渡短句。在这个过渡句的引导下，李泽厚的概念被进一步还原为：“功利的存在，成了美的最终的渊源和标志者。而所谓的‘合规律性’、所谓的‘真’、所谓的‘统一’，实际上成了一些带有神秘主义色调的虚文。”[3]

汪济生通过自己的主观还原，把李泽厚的概念还原到一些浅显、世俗的错误上去，这不是李泽厚的本意。由于汪济生认为一切概念“必然有可还原者”，那么遇到一些不可还原的问题的时候，他就指责李泽厚的概念“使用边界不是很清晰”，“常常用许多不同的词汇，表达一个相同的含义”，并认为李泽厚“使用一些涵义较为抽象、晦涩的词汇”对一些概念“进行包装，使之似乎能显得

[1] 汪济生. 实践美学观解构. 上海人民出版社，2007. 13.
[2] 同[1]. 22.
[3] 同[2].

学术化一些”。更有甚者,在一些李泽厚论述比较简洁扼要的地方,汪济生发现不了什么可以还原的资源的时候,就表现出“十分惋惜”的样子。例如,在论述社会美的第二个方面“历史尺度”的时候,李泽厚仅有一段二百余字的文字,汪济生说:“他虽然知道这‘是一个很深刻、很细致的问题’,但他却一笔带过,加以回避了。这是我们感到不太满足的。”[1]

为了寻找更好的还原对象,汪济生还运用了简化、演绎、修改和逻辑延伸的方法,对李泽厚的概念进行歪曲。例如,在对李泽厚“历史尺度”的概念进行批判之前,汪济生的第一步工作就是“简化”:“如果我们把‘历史尺度’简化为时间过程,把‘动态过程’和‘静态成果’简化为因果过程,我们就看到,这两个过程,不但不相互排斥,而且可以相互融洽。”[2]

可见,汪济生的批评对象并不是李泽厚的实践美学的概念,而是借助于实践美学重新造出一些明显有逻辑漏洞的概念作为自己的敌人进行批判。在整部著作中,“简化”、“逻辑延伸”等词汇随处可见,这些都是汪济生“还原”李泽厚的概念的明证。对于这一点,汪济生自己也有认识。他说:“我们的这种判断,当然首先是我们上面的论述的逻辑延伸。”[3]这样延伸的结果到底有多少是李泽厚的观点就值得怀疑了。更可怕的是,为了完成自己的批评工作,汪济生有时还明目张胆地“修改”李泽厚的概念。比如,在引述李泽厚论述形式美的一段文字之后,汪济生认为这段话“行文用词造句”“艰涩、别扭和有背文法”,而且这些文法句法的错误

〔1〕 汪济生.实践美学观解构.上海人民出版社,2007.39.
〔2〕 同〔1〕.40.
〔3〕 同〔1〕.47.

是李泽厚"思想的夹生","文字上的混沌,往往来自思想中的混沌",于是汪济生"无奈之中""提出一个修改方案"。他从自己认为正确的文法句法入手进行修改,修改之后说:"我们觉得,我们的这一修改,比李泽厚先生自己使用的文句更贴近了他的观点。"[1]可以说,像这样肆意修改别人的观点再进行批判的学术讨论,还是很少见的。

二、强权批评

与上述还原论思维相联系的是,汪济生的批评体现了强权批评的特点。也就是说,汪济生的批评并不是从批评对象的实际出发,进行实事求是的分析、讨论,而是以还原、修改后的逻辑论述为对象进行解构工作。可以说,汪济生是一个典型的强权批评家。

这种强权批评的典型例证就是汪济生对李泽厚从"技术工艺和生活韵律"方面论述社会美的批评。他在把李泽厚的论述通过更换词句、断章摘句、颠倒逻辑之后,用四段话概括出来:

> (第一段)总之,各种形式结构,各样比例、均衡、节奏、秩序,亦即形成规律和所谓形式美,首先是通过人的劳动操作和技术活动(使用—制造工具的活动)去把握、发现、展开和理解的。它并非精神、观念的产物。它乃是人类历史实践所形成所建立的感性中的结构,感性中的理性。
>
> (第二段)人也正是通过这种种形式结构、规律的发现和把握,获得了巨大的物质力量,于是人不再是自然生物界的简

[1] 汪济生.实践美学观解构.上海人民出版社,2007.55.

单成员，而成了它的主宰。

（第三段）人在这形式结构和规律中，获得了生存和延续，这就正是人在形式美中获有安全感、家园感（原文如此）的真正根源。上述农业社会原始陶器的抽象纹饰美，充分表达了这一点。它们实际上也正是现代艺术的形式主义者所特别看重却又无法正确解释的普通性的审美感受的真正根源。

（第四段）在我看来，原始陶器的抽象几何纹饰，正是当时人们在精神上对农业生产所依赖的自然稳定秩序的反映，它实际表现的是一种稳定性、程序性、规范性的要求、实现和成果……[1]

这些论点是李泽厚在实践论的基础上借助格式塔心理学的理论并对其“把人生物化”的缺点进行修正之后得出的结论。可是这些结论的意思已经发生了巨大变化，因为：第一，脱离了上下文，这些话的意思就可以被任意演绎、延伸；第二，第四段原本是前三段的立论基础，这里正好相反，第四段反而成为前三段的结果。正是在这个基础上，汪济生演绎出以下四个方面：

其一，在使用—制造工具的生产劳动实践中，人类从自然中“抽取”出了表现为种种形式的规律。

其二，人类凭借着这种呈现为形式结构的规律，获得了超越一般生物的力量，成为自然的主人。

其三，由于凭借着这种形式结构的力量，人类获得了自身的生存和延续，这种形式就给人带来了安全感和家园感。

[1] 汪济生.实践美学观解构.上海人民出版社，2007.44.

这种安全感和家园感,就是形式美的"真正根源"。

其四,原始陶纹之所以呈现出向抽象几何纹饰发展的趋向,就是冲着几何纹饰的形式所具有的这种安全感、家园感("稳定性"、"程序性"、"规范性"、"稳定生存"、"安居乐业"等等)——美感而去的。甚至现代艺术中的形式美感的内涵及其"真正根源",也与上同。[1]

汪济生演绎出的这四点结论因为上述两方面原因,具有很多不准确的理解:第一,更换了词语,把原文的"抽离"更换为"抽取"。第二,在使用—制造工具、形式美、物质力量三者之中,使用—制造工具是后两者的基础,可以帮助人们发现自然的规律从而抽离为形式美,这种发现、抽离又可以通过使用—制造工具的活动帮助人们获得更大的物质力量。因此,人类成为自然的主人,凭借的是"巨大的物质力量",而汪济生理解为凭借的是"形式结构的规律"。第三,人类通过使用—制造工具的劳动实践,发现、认识了规律,获得了巨大的物质力量,从而给人带来安全感和家园感,而汪济生认为是形式给人安全感和家园感,并把安全感和家园感看成是形式美的真正根源;即使是从汪济生断章摘句的第三段话中也可以发现这种观点的极为明显的错误。这就偷换了概念,颠倒了逻辑,强暴了作者原意。第四,原始陶纹的抽象几何纹饰是人们在使用—制造工具的生产实践过程中,把发现的自然规律抽象化的结果,而汪济生认为,原始陶纹是人们为了获得安全感和家园感而有意刻绘的。这明显颠倒了因果。

---

〔1〕 汪济生.实践美学观解构.上海人民出版社,2007.45.

实际上，汪济生在他的自序中对“解构”一词的重新定义就已经显示出这种不顾对象实际、强行改造批判的作风。他说：“恐怕还需要说明一下的是，本书书名中的‘解构’一词。笔者赋予它的也就是诸如分解、拆卸、评析，甚至还含有一些点破这样的意思。”〔1〕一方面，无论对象是什么状况，他都可以把对象分解、拆卸成他所希望的样子，然后再加以评析、点破；另一方面，在这种强权心理的支配下，随意指责对象，极尽冷嘲热讽之能事，也是汪济生的批评特点。汪济生说，李泽厚的实践美学观只不过是用一些花里胡哨的、抽象晦涩的词语装扮而成的，不仅时时“偷换概念”，在“逻辑演绎中鹊巢鸠占”，而且还“故意”借助抽象、晦涩、模糊的词汇进行种种遮蔽：

> 我们在李泽厚先生概念系统演绎过程中的好几个关键点上，都可以看到这种借助于抽象词汇的“薄雾遮蔽效应”，所“完成”的令人匪夷所思的幻术般的“飞跃”。在其他实践派美学家的著述中，我们也可以看到这种手法的普遍沿袭采用。〔2〕

诸如此类的表述，在汪济生的著作中随处可见，不一一举例了。这种肆意拆卸歪曲从而得出令人瞠目结舌的结论的做法是汪济生的拿手本事，另外汪济生的讽刺本领也十分高超，一些精妙的比喻十分尖刻，有讥讽之感。比如，他在批评李泽厚“合规律性与合目的性的统一”的概念的时候，说：“那会使审美活动变得不胜

---

〔1〕 汪济生. 实践美学观解构. 上海人民出版社，2007. “自序”5.
〔2〕 同〔1〕. 37.

重荷，而且属于功能上的错位，可以比作一种狗拿耗子。"[1]还说李泽厚"颇费心机地在扩大着优点、掩饰着缺点，是名副其实地在一定的指向上不同程度地弄虚作假的"，说这是李泽厚的"化妆术"："而且采取的手段多是不太符合人的皮肤的正常、健康的活动规律的。如影响皮肤正常的透气、排汗、洁净等等。……这样，整个化妆业存在的作用和意义，就被李泽厚先生深刻地、战略性地否定了。"[2]

这种批评态度实在值得商榷。这与汪济生在自序中说的话就不符合。在自序中，汪济生说："笔者的初衷，却决不是出于那种据说是比较时尚的对一切理性的、严谨的、揭示某种规律或必然性的逻辑建构和逻辑体系的怀疑、不屑，甚至反感。"[3]实际上，汪济生自己颇费心机地在扩大着实践美学的缺点、掩饰着实践美学的优点的做法倒给我们留下了深刻的印象。

三、功利主义审美观

在批判李泽厚的美学观念的时候，汪济生处处流露出实用主义和功利主义的审美观，无论是对真理的追求，还是日常生活中的人际交往，都受到实用主义和功利主义的支配。所以他说："如果以冷静的眼光对人类作广域的扫描，我们不得不客观地说：虽然那种对真理的实用主义态度不会表现得像上述人（按：既得利益者）那么极端，但它在各色人等中都不同程度地存在，恐怕却是一个不

---

〔1〕 汪济生. 实践美学观解构. 上海人民出版社，2007. 35.

〔2〕 同〔1〕.

〔3〕 同〔1〕. "自序"5－6.

争的事实。”[1]这种审美观念集中体现在他对李泽厚关于社会美“从动态过程到静态成果”的批判上。

李泽厚在论述“社会美”的时候说,社会美一般是从形式里能看到内容,显出社会的目的性;在合目的性和合规律性的统一中,更多表现出一种实现了的目的性,功利内容直接或间接地显现出来。这其实也就是康德所讲的依存美。在这里,“合目的性”就是指“善”,“合规律性”就是指“真”;社会美更多地是一种“依存美”。汪济生表示这样定义社会美会让人“不甚了了”。因为,真和善的定义相当模糊,以两个模糊的概念界定第三者,第三者的概念必然不能清晰起来。于是,对不证自明的“真”与“善”的含义,汪济生进行了重新界定:“真”是指规律、法则,常常很难见于事物的外表、外在,而常常潜在于事物的深层;“善”一般有两种理解,一种是肯定性的伦理关系,一种是指有用、得到好处的功利状态。对于前者,似乎没有什么争议;对于后者,汪济生说,前一种判断包含一种社会性,后一种只是一种个人状态,前一种评价的获得多半要人失去功利、作出奉献,而李泽厚的定义中只是后一种功利上的善:“善的存在实际上既成了真的存在的检验者,也成了它自己和真的统一达成的标志——即成了美出现的标志。只要善出现了,美就必然已经存在;只要善出现了,即使没有任何对称、均衡之类,美也必定存在。相反地,只要善不出现,美也必定不存在;只要善不出现,即使存在着对称、均衡之类,美也无法出现。”[2]

可见,汪济生把李泽厚所说的社会美“显出社会的目的性”这

〔1〕 汪济生. 实践美学观解构. 上海人民出版社,2007. 31.

〔2〕 同〔1〕. 22.

种审美的功利性,即无目的的合目的性还原为世俗的、单纯的功利主义态度,是一种极端的实用主义思维逻辑。在审美的领域里,按照康德的划分,隐含的合目的性产生纯粹美,显现的合目的性产生依存美。李泽厚的上述观点与康德显然有密切关联;而且李泽厚屡次说,美的功利性是"直接或间接"、"自觉或不自觉"地显现出来的。早在1956年,李泽厚在论述美感的矛盾二重性的时候就已经把审美的这种客观功利性也就是无目的的合目的性解释清楚了。他说:"美感的矛盾二重性,简单说来,就是美感的个人心理的主观知觉性质和社会生活的客观功利性质,即主观直觉性和客观功利性。"又说:"在这美感的直觉中的确也常常并没有什么实用的、功利的、道德的种种个人的自觉的逻辑思考在内。一个人欣赏梅花的时候,他的确并不一定会想到这种欣赏会有什么社会意义或价值;古代人们看《红楼梦》也说不出或不能明确、自觉地意识到这部作品伟大的反封建的主题思想,但总觉得它很美,觉得从其中能获得巨大的美感享受,能激动自己的心弦,提高自己的精神。"[1]汪济生显然按照自己的功利主义的审美观曲解了李泽厚的观点。可是,汪济生对这个结论很不满意,因为美怎么可能是善的,也就是功利的产物呢? 汪济生批评道:"在李泽厚先生为社会美所搭建的舞台上,拆去那些由花里胡哨的玄妙词汇所构成的布景、虚饰,我们看到的,实际是这样一个简单、甚至单调的以'善'或'功利'为主角的场景。"[2]

汪济生极力批判把善或功利引入审美,可是后文却处处把善

〔1〕 李泽厚. 美学旧作集. 天津社会科学院出版社,2002. 4-5.

〔2〕 汪济生. 实践美学观解构. 上海人民出版社,2007. 22.

作为美产生的源泉,甚至达到了极端的程度。就算面对一块绿油油的麦地,他也要想,这绿色对我的眼睛有好处,我得看看。所以他说:“在审美活动中,能够直接面对和判断的,还是善,一切尽在善中,一切以善为中介。”〔1〕

我们在前文的分析中可以看出,汪济生对善的理解更多是从功利的角度出发的,这句话正与上面的观点相呼应。在这种审美观的主导下,即使是面对“一片绿油油的庄稼”他也会发出这样的想法:“笔者以为,一般人对‘绿油油的庄稼’的美,大抵是从两个方面来感觉的:一是绿油油的形、色,令人愉快;二是对于丰收的期待所产生的预支性愉快。如果说,后一种美感反应是明显的对于功利、或善的反应,那么,前一种美感反应,也决不是与功利、善无缘的。谁不知道,‘绿油油’的颜色,对于人的眼睛是有很大的生理性放松解乏功能的。因此,这两种美,都与功利、善有直接的关系。”〔2〕

这样,汪济生解构李泽厚的思维逻辑就明白地呈现出来了:他一方面极力反对把善作为美的来源和内容,另一方面又把善作为美的唯一主要的内容。也就是说,他还没有完成解构别人的工作就已经把自己解构了。

这种审美观也实在让人惊叹:当你面对一片绿色而发出赞美的呼喊时,你是出于这颜色对眼睛的“生理性的放松解乏功能”而发出的。这是任何审美者不会想到的“功利”,但是汪济生就想到了。康德早就说过的审美的“无目的的合目的性”被抛弃了,剩下

〔1〕 汪济生.实践美学观解构.上海人民出版社,2007.35.
〔2〕 同〔1〕.34.

的仅是功利，仅是“善”，而且仅仅是已经变异了的“善”。所以汪济生会说：“人们感到了某一建筑物的巍峨，但是否越巍峨，就表明这个建筑物的构造就比较而言地越合乎力学规律？人们感到了某一座大桥的宏伟，但是否越宏伟，就表明这座大桥比较而言地越强固耐久？人们感到了飞机或火车造型的优美，但是否越优美，就表明这飞机或火车的动力学造型比别的飞机或火车更科学更安全更没有错误和隐患存在其中？”[1]

很显然，人们在惊叹于航天飞机的崇高之美的时候，所惊叹的是人类思维对客观规律的把握，而不仅是对航天飞机外形的惊叹；人们对于万里长城的赞美，赞美的是其雄伟的气势和民族精神的象征，而不仅是赞美万里长城是否合乎了力学的规律；等等。不仅如此，汪济生从他的功利主义审美观出发，认为在多数情况下，为了善，为了功利，不妨对真进行种种“遮蔽”。就像绿油油的麦田，虽然可能是十分有害的“疯长”，但是这“绿油油”毕竟可以对“人类的视觉器官有一定的生理调整功能和善的作用”。这样极端功利主义的审美观发展到极致，在审美的领域就必然会唯功利至上，不仅会遮蔽真，还会把真从美中排除出去；即使保留了真，那也是因为真符合了善的缘故。因为汪济生认为，真是“常常很难见于事物的外表、外在，而常常潜在于事物深层的东西”，那么在审美活动中寻真，不仅会增加审美活动的负担，而且还会出现功能上的混乱。汪济生明确表达了这层意思：“在实际的审美活动中，美感的存在与否及其程度的强弱，与审美对象上‘真’的存在与否及其蕴涵量，是很难构成严格的对应关系的。完全可能显得一厢情愿，

〔1〕 汪济生. 实践美学观解构. 上海人民出版社，2007. 36.

或自作多情。因此,在所谓‘美是真与善的统一’这一提法上,不说存在着我们前面提到过的那些逻辑上的问题,即使在实际审美活动中,也多数流为一句没有意义的虚语。要认识‘真’,还是要通过学习、甚至专业学习以及思考和判断等智力活动,而不宜到审美活动当中来进行。”[1]

这是汪济生极端实用主义和功利主义审美观的应有的结果。按照这种逻辑,生活中的一切活动都必然成为功利的活动。比如,对弱者的关怀和支持,对于他人的活动首先要考虑对自己是否有用。站在这个角度来看汪济生对李泽厚的实践美学观的解构工作就十分耐人寻味了:汪济生的解构工作不是出于对学术问题的探讨,不是出于对真理的追求,而是带有极其明确的功利目的。汪济生自己说的下面这句话可以说是对其自身工作的最准确的概括:“这可以说是人类对真理的实用主义态度的最极端、最恶劣、最丑恶的表现。”[2]这种观点从根本上割断了认知与审美的关系,是一种错误的看法。因为从直觉的审美中获得对个别事物的知识是因为在日常生活中我们的文化教养和前在结构已经不自觉地形成了我们对个别事物的理解和认识以及这事物与整个生活世界的关系。

实际上,审美活动不仅可以发现真,而且,人们对真的探询也可以帮助人们更好地审美;对真的探询的纯粹的科学研究也越来越多地渗入审美活动,审美活动也越来越多地与科学研究、经济学、材料技术、新闻传媒、装饰技术等学科密切地联系起来。而且,

---

〔1〕 汪济生.实践美学观解构.上海人民出版社,2007.34-35.

〔2〕 同〔1〕.31.

自然科学的研究人员在他们的知识追求中,很早就意识到科学与审美的相互关联,玻尔、爱因斯坦、海森堡等科学家在他们的著作中,都已经使用美学语言来进行论证。所以,德国学者沃尔夫冈·韦尔施在《重构美学》中说:"对于认知和现实的基本审美性质的认识,正在渗入当今所有的学术领域。……我们陷入了某种审美的建构。"[1]李泽厚的"合目的性与合规律性的统一"的美学概念与这种趋势是符合的,而且李泽厚从来就肯定科学对于审美的巨大作用。当有些人在痛恨科技带来的种种弊端的时候,李泽厚说:"不必去诅咒科技世界和工具本体,而是要去恢复、采寻、发现和展开科技世界和工具本体中的诗情美意。"[2]可以说,认知和审美具有不可分割性,李泽厚强调工具本体和情感本体的关联性是审美研究的必然结果。可是汪济生却彻底地把真排除在审美活动之外,这是令人惊讶的主张。

四、汪济生美学思想的前景

诚如上文所言,汪济生不仅没有解构掉李泽厚的实践美学观,反而解构了自身。这是汪济生没有想到的。汪济生的本意是要以超越历史的系统批评开辟当代美学的未来,这一愿望实难达成。汪济生在《实践美学观解构》一书的扉页上自勉的两句话"没有建设的批评难以超越历史;没有批评的建设难以开辟未来"不可避免地成为空洞的豪言壮语。

汪济生对一些新实践美学、超越实践美学者进行了总结:"总

[1] 沃尔夫冈·韦尔施.重构美学.上海译文出版社,2006.31.

[2] 李泽厚.李泽厚十年集:第1卷.安徽文艺出版社,1994.486.

的来说，持论稳健、深入、抵达病根者不多。这导致的结果就是对‘美学之病’开不出‘对症下药’、尤其是对‘病根’下药的有效‘药方’。……更成为问题的是，由于对实践美学的‘致病因子’疏于深究或雾里看花，这些学者或学派开出的‘药方’中，本身还可能包含着与实践美学同样的‘致病因子’。”[1]可见，汪济生还是有一定的辨别力的。可是对于自身的批评实践，汪济生却没好好反省，自己的批评态度是不是有失谨慎？自己的批评方法是不是有待改进？自己的逻辑起点是不是有失重新考虑？这些问题都是汪济生批评实践的致命弱点。他对以李泽厚为代表的实践派美学“发动的攻势”“达不到必要的势能量和坚实度，反而暴露出了自身的体力孱弱、骨质疏松”[2]。

实际上，汪济生以李泽厚的美学观代替整个实践美学流派的做法就十分值得商榷。因为，李泽厚虽然是实践美学的倡导者和先驱，但不代表李泽厚的美学观点可以代表实践美学的所有观点，也就是说，把李泽厚美学看做实践美学的全部内容明显是一种以偏概全的看法。从汪济生这本著作的书名《实践美学观解构——评李泽厚的〈美学四讲〉》就可以看到汪济生就是这种错误观点的实践者。这是典型的“以李泽厚的某些观点为基础，在想象中建构一个供批判的实践美学观，以自己理解的实践美学为靶子”的做法。汪济生在书中屡次批评杨春时等人的这一做法，却没有意识到自己也走上了自己否定自己的道路。从汪济生在行文中所显露出来的激烈锋芒，可以感受到他对实践美学的极力否定。对以

〔1〕 汪济生. 实践美学观解构. 上海人民出版社，2007. 353.
〔2〕 同〔1〕. “自序”1.

李泽厚为代表的实践美学，我们的态度应该更为实际客观一点，而不能先从主观上确立一个解构的思路，把实践美学的概念、谱系一个劲地往可以解构的方向引伸；而且，李泽厚的实践美学在人类学美学、审美文化研究和审美的当代文化功能三方面还有积极的学术前景，可以进一步深化和拓展，也可以以更加自由的形式融入当代中国美学，为各家广泛吸收。同时，李泽厚晚期美学更关注个体主体性和心理情感本体问题，在对马克思主义经典原著和中国传统儒家思想的重新解读的基础上，作出了理论调整和更新，建立了“新马克思主义美学”，为当代中国美学思想开辟了新的发展路径。可见，对李泽厚的实践美学不应急躁、主观地进行曲解、批评，甚至解构、颠覆，进行冷静、客观的思考才是正确的途径。

汪济生对实践美学的“不够严谨、不够坚实、不够科学”的逻辑建构和逻辑体系进行批评，其意图是建立他的“系统进化论美学观”。他说《实践美学观解构》一书连同他在2004年出版的《经典人类起源说新辨——对学术界、美学界一块研究基石的质疑和重构》一书是为他的另外两本书，也就是《美感的结构和功能》和《系统进化论美学观》作铺垫的，而且这“仍然只是一个粗具轮廓的构架”〔1〕。可见，汪济生对实践美学的解构是为他二十年前的系统进化论美学观服务的，这也是他未来的努力方向。从1984年的《美感的结构和功能》到1987的《系统进化论美学观》，从2004年的《经典人类起源说新辨——对学术界、美学界一块研究基石的质疑和重构》到2007年的《实践美学观解构》，汪济生一直都在进行更科学、更严谨、更坚实的系统进化论美学的奠基工作。虽然

〔1〕 汪济生.实践美学观解构.上海人民出版社,2007.351.

他的建构工作一般喜欢在解构的基础上进行,虽然他的建构的基石还没有形成就已经完成了自己的美学建构,但我们相信,汪济生还会有新作出版。至于他的解构工作是否会有益于我国当代的美学事业"走向科学、走向生活、进而走向世界",未来中国当代美学是走向完善了的实践美学还是走向汪济生苦心经营的系统进化论美学,历史会给予准确的答案。

第三节

章辉"实践美学终结论"商榷

某些学者对实践美学批评的一个重要方面,就是认为实践美学仍然停留在古典形态,是典型的理性主义美学,并没有获得审美现代性,失去了发展的空间和动力,从而走向了理论终结。[1] 事实上,这种批评的逻辑前提是把实践美学放在"历史"的纬度上进行的,在研究结果得出之前就已经宣布了实践美学的终结。因此,这种前在的历史逻辑眼光必然会障蔽对实践美学局限性的客观看法。章辉近著《实践美学:历史谱系和理论终结》一书就是实践美学终结论的典型代表。相对于杨春时等人对实践美学的批评,章辉对实践美学局限性的批评视野更为开阔,其尖锐的理论锋芒已经引起了实践美学界的广泛注意,他的实践美学终结论的提出,更把这种只有解构没有建构的批评推向了极端。对此,我们认为,章

〔1〕 章辉.实践美学:历史谱系与理论终结.北京大学出版社,2006.164.

辉的结论还有需要商榷的地方，他对实践美学审美现代性的看法还有重新认识的必要。

一、“实践美学终结论”的历史语境

“实践美学终结论”的提出与20世纪末各种终结论思潮紧密联系。自从1828年黑格尔在柏林的美学演讲中首次提出艺术终结的命题以来，关于各种问题的终结的言论层出不穷。实际上，我们只要细心思考就会发现，每当社会发生历史性转变的时候，各种终结论的言说就会出现。当代中国社会各方面都在发生巨变，广大民众的审美趣味和审美标准多元化是这种巨变的典型显现，似乎人们的审美趣味已经到了一个莫衷一是的程度了，每个人都可以按照自己的观点确定自我的审美对象，形成了典型的“各美其美”的时代审美情境。审美规范的丧失或者说多元给人们心理带来了不可消除的危机感。这就要求美学理论对之作出合理有效的解释。实践美学作为当代中国的主流美学流派自然成为人们的希望所在。可是，当人们把解决问题的目光投向实践美学时，却发现实践美学对上述的审美局面并不能作出合理的解释和应答。因此，对实践美学的各种批评、非难就自然出现。于是，人们认为实践美学“也已丧失了真正的真实和生命，已不复能维持它从前的在现实中的必需和崇高的地位”〔1〕。

中国当代社会正处在黑格尔所谓的由“诗的时代”向“散文的时代”转变的时代，也就是说，艺术的感性欣赏对人们来说已经是过去的事了，各种艺术处于解体的边缘，理想的、和谐的美的世界

---

〔1〕 黑格尔.美学：第1卷.商务印书馆，1979.15.

和艺术世界陷入内在与外在、目的与手段的分裂之中。人们在世俗化的世界里受到欲望、利益的支配，已经看不到美和自由的象征，也就像黑格尔所哀叹的那样："命运把那些古代的艺术品给予我们，但却没有把它们的周围世界，没有把那些艺术品在其中开花结果的当时伦理生活的春天和夏天一并给予我们，而给予我们的只是对这种现实性的朦胧的回忆。"[1]正是在这样的历史语境中，实践美学遭遇了历史所给予它的挑战。无可否认，面对这种挑战，实践美学的确陷入了一定的理论困境，但这种困境并不意味着实践美学的消亡或终结，而是历史给予实践美学获得新的意义和发展以机遇。实践美学终结论者也正是体会到了这种深刻的历史审美难题而具有一定的危机意识。但是，实践美学终结论者，如章辉、章启群、杨春时等人，所关心的并不是实践美学在现实历史语境中获得新形式、新发展的问题，而是如何论证出实践美学不再具有存在合理性的问题。它更多地表现了一种众声喧哗的时代特征，各自为战、自说自话的言说者不知不觉间也成了上述历史语境的变化者之一。在实践美学终结论者和后实践美学者所主张的"审美现代性"视野中，所谓的个体、超越、自由、否定、反思等审美本质被抬高到无以复加的地位。

实际上，无论是在简单的社会还是在高度发达的社会，个人和社会都存在着紧张的关系，所谓个体审美的绝对自由也都存在可圈可点的地方。在简单的社会里，社会整体和个人都处在不自由的状态，而且还是相互依赖的关系。社会的不发达也使个体受到限制，个体更多地要依赖社会。在这样的社会环境下，理性主义美

〔1〕 黑格尔. 精神现象学(下). 商务印书馆，1979. 231.

学控制了整个思想界，也正是依靠理性，人类才从简单的社会迈向了发达的社会，审美思想也随之发生相应的改变，于是“理性告退而感性方滋”。在高度发达的社会，社会和个体两者的自由都得到发展而且相互促进。然而，个人自由的发展不可避免地加剧了个人间的竞争，导致社会中贫富分化的加剧，使越来越多的失败者被排除到社会的边缘，社会就在不知不觉间变成一个“排除的社会”(the exclusive society)。在这样的社会环境下，谈个体审美的超越性、通过审美达到无限自由无疑是一种幻想。实践美学终结论者所期望的新美学，或者后实践美学，无疑是这种幻想在现实世界的虚幻表现。

认为实践美学是一种古典美学，还没有获得审美现代性的观点错漏十分明显。持这种观点的人一般是从 20 世纪西方美学尤其是现象学、阐释学美学方法转变的角度，批判实践美学为形而上学的美学，因而是古典的美学。章辉的论述逻辑就是从这个角度出发的。章启群也认为“实践美学是一种在 19 世纪哲学范式下所建立的美学理论，以核心观念作为逻辑起点，提出思辨的核心命题。这是一种典型的形而上性质的美学理论，在西方 20 世纪的哲学中已经基本失去了立足之地”〔1〕。这种看法有值得商榷的地方。思辨的和经验的方法仅是哲学、美学研究的不同方法，它们都是人类探寻真理、走向真理的手段，本无高低贵贱之分。只要能够通达真理之境，思辨的和经验的路径都是可取的，而不能因为转向经验的方法就否定思辨的方法。从人类的思维方式来看，思辨的

---

〔1〕 王柯平.跨世界的论辩——实践美学的反思与展望.安徽教育出版社，2006.33.或章启群.实践美学为什么走向终结.见百年中国美学史略.北京大学出版社，2005.267—288.

和经验的、演绎的和归纳的思维路径向来都是并行不悖的，并不存在优劣之分，只是针对不同的研究对象作出相应的选择和调整。只要能够使人们走向真理的澄明，无论哪种思维方法都可以为人类所用。方法和思维本身并不作出价值评判。胡塞尔说：“现象学展示了一个中立性研究的领域，在这个领域中有着各门科学的根。”[1]可见他也并没有因为现象学研究方法和研究逻辑与理性主义形而上学的不同就极力否定理性主义形而上学的研究价值，也并没有宣称理性主义形而上学走向“理论终结”。实践美学终结论者仅仅从20世纪哲学、美学从形而上学研究向经验研究的转变就断定实践美学走向了理论终结显然是个人主观的价值判断，是一种盲目跟风的学术作风，没有从发现真理本身出发来认识问题，仅仅强调经验的和自下而上的美学研究方法的做法是不可取的。实践美学的研究不仅从实践的本体论角度进行理论演绎，还结合现实生活中具体的审美经验进行论证总结，是一种思辨和实证相统一的研究。这种研究不仅不会因为研究方法的问题走向理论终结，反而能凭借形而上学研究与经验研究的统一走向更加优化的理论形态。因此，实践美学不仅可以用思辨研究修正经验研究的精密度和准确度的不足，还可以用经验研究弥补思辨研究中对具体问题的倾向性错误。马克思在《巴黎手稿》的开篇就说明了自己研究方法的经验性质：“我的结论是通过完全经验的、以对国民经济学进行认真的批判研究为基础的分析得出的。”[2]马克思的这一经验研究的方法自然是实践美学研究方法的支撑之一，

〔1〕 倪梁康. 现象学及其效应——胡塞尔与当代德国哲学. 北京三联书店，1994.1 .
〔2〕 马克思. 1844 年经济学哲学手稿. 人民出版社，2000.3.

实践美学者也不会对马克思《巴黎手稿》的这一方法论视而不见的。论者在批判实践美学的形而上学的时候，反而忽略了他们所宣称的"无限"、"自由"等概念本身就是一种形而上学。这对于一些后实践美学者来说尤其重要。他们似乎也忘记了被后实践美学者推崇的海德格尔在宣称尼采是最后一位形而上学家以后，又被德里达宣称为最后一位形而上学家。到底谁是最后的形而上学家已经变得不甚了然。或许"最后的形而上学家"的界定仅仅是一个人见人殊的概念。形而上学就像人的灵魂，任何进行哲学研究的人都不可能完全抛弃它而只是"现实的存在"。

章辉前在的思维逻辑限制了他对实践美学的分析与考察。在对实践美学历史功绩的概括上，其逻辑前提已经把实践美学限定为"历史"，其贡献也是"历史贡献"，而且"贡献"一词本身也含有历史终结的意味。在这一逻辑前提下，实践美学已经被判了死刑，实践美学已经成为过去的事了，他对实践美学的各种评判无不打上了"历史"的烙印。因此，"实践美学已经成为历史"的思维前提必然妨碍章辉对实践美学作出实事求是的评价。另外，章辉把实践美学放在后现代美学大潮中进行比较研究的做法也值得商榷。比较研究本身无可非议，但是因为其前在的历史认识问题，他的比较只是为了找寻实践美学的不足之处，为其实践美学终结论张本，这样，比较的结果只能是实践美学的不足之处被无限放大，实践美学的优势在这些不足面前显得微不足道。正是这一前在视野遮蔽了章辉对实践美学的客观看法，也限制了章辉对实践美学的认识所能达到的高度。

针对胡塞尔是犹太人因而他的著作在上世纪五六十年代不能在德国出版并因此形成哲学界对胡塞尔长时期"避而不论"的局

面,胡塞尔的学生燕尼·海尔施在《哲学的惊异》一书中曾发表过自己的忠告:“只有当人们能够成功地与一位哲学家一同思维时,他才能理解这位哲学家。”[1]同样,对于实践美学的理解,也要我们与实践美学及其创立者一同思考,从实践美学的思维视域理解和考察实践美学,才有可能把握实践美学的理论实质,而不是随意宣布什么“理论终结”。

二、审美现代性认识的偏离

章辉“实践美学终结论”的观点是通过现代性视野的观照而得出的。他关于实践美学与现代性之间关系的看法主要集中在《实践美学与现代性问题》和《实践美学:历史谱系与理论终结》第四章第三节两处。这两处对实践美学与现代性关系的认识是基本一致的。在《实践美学与现代性问题》一文中,章辉从现代化和现代性的关系出发,把现代性从精神实质方面分为启蒙现代性和哲学现代性(审美现代性)两类,这两者之间是历史发展的两个阶段,后者是对前者的批判与否定。所以章辉说:“文化层面的现代性可以按照历史阶段或精神实质分为启蒙现代性和哲学现代性(审美现代性),前者是从笛卡尔开始到黑格尔为止的主体性理性哲学,它们是对现代化的肯定;后者指的是哲学上、文艺上对现代性和传统形而上学的批判意识,这是从叔本华开始的现代哲学转向和文艺上从波德莱尔开始的审美现代性思潮——对社会现代性

---

〔1〕 燕尼·海尔施.哲学的惊异.见现象学及其效应——胡塞尔与当代德国哲学.北京三联书店,1994.9.

的反思和批判。”[1]

从这里的论述可以看出,章辉把文化层面的现代性按照历史阶段分为启蒙现代性和审美现代性,前者是对现代化肯定的理性哲学,后者是对前者的反思和批判。章辉认为,启蒙哲学家“并没有所谓的现代性自觉,启蒙思想家只不过在不自觉地为人的觉醒和现代社会的建立做合法性论证,现代性只是当代西方思想者在回顾这段历史进程时对前人思想历程的一个反思和定性”[2]。在这里,启蒙现代性又被排除在现代性的范畴之外,现代性仅仅是“当代西方思想者”对历史的反思和定性,就连启蒙思想发现人、促进人的觉醒的理论诉求也变成了“不自觉”的活动。这明显地割断了启蒙现代性和审美现代性的历史联系,也从根本上否定了启蒙现代性的价值。启蒙哲学不仅自觉地促进了人的觉醒,推进了社会现代化的进展,还对现代化社会时时反思;不仅反思社会和历史,还反思自身的合理性状态。审美现代性就是启蒙现代性对外在历史和自身状态进行反思的结果。这两个阶段是前后相继、不能割断的思想史的进程。即使到了审美现代性的阶段,启蒙理性也并不立刻就销声匿迹,完全丧失它的价值。实际上,在审美现代性的历史进程中有两条并行、互动的思想路径,也就是现代性作为社会实践的发展过程的层面和对这一过程不断认识及反思的层面。这两个层面的互动和递变构成了审美现代性的两条路径:一条是从卢梭、黑格尔、马克思、韦伯到哈贝马斯的路径,一条是从波德莱尔、尼采、弗洛伊德到利奥塔的路径。这两条路径是交织进行

〔1〕 章辉.实践美学与现代性问题.中国人民大学学报,2004(6).
〔2〕 同〔1〕.

的，并不是截然不同、前后分明的现代性过程。在这两条现代性发展路径中，反思现代性是他们的共同品格，只不过前一路径的反思与批判更为理性一些，并不是盲目地否定一切；后一路径的反思与批判力度要更为激进、彻底，以非理性的个体自由为思想武器进行否定一切的战斗并企图以此获得审美化生存。这两者并不是互相否定的两者，甚至后者的思想也来源于前者对现代性进程的反思之中。卢梭早就体会到现代社会的欧洲已经处于“深渊的边缘”。他在《爱弥儿》一书的开始就说：“出自造物主之手的东西，都是好的，而一到了人的手里，就完全变坏了。”[1]所以卢梭怀疑现代社会并没有赋予生活以新的意义，反而剥夺了生存的意义，割断了人与自然的联系。这一思想正被后一路径的思想家所继承。另外，黑格尔、马克思的辩证法思维更具有反思特性，他们不仅反思批判文明社会所带来的各种灾难和异化事实，还具有反思自我存在的思想勇气。在后者当中，以非理性著称的弗洛伊德从心理学入手，从个体到社会的心理冲突的相似性出发，认为文明就是以持久的征服人的本能为基础并把这种本能强行转移到对社会有用的活动和表现上去的过程。可是，弗洛伊德却被后来学者看做是一个极端的理性主义者，而他的学生荣格研究人类的集体理性却被看做是一个非理性主义者。这一事实正说明，理性与非理性的分别是不可绝对明确的，以此为标准给哲学、美学思想分类的做法更是丧失了哲学、美学思想的精神与本质。

所以，章辉对现代性发展过程的认识以及对现代性分期的标准都存在可以商榷的地方，在此基础上来认识、评价实践美学肯定

---

〔1〕 卢梭. 爱弥儿. 商务印书馆，1978. 5.

会得出错误的结论。他认为实践美学的“古典性”表现在对理性的推崇、主体性、人类中心论、对科学方法论的推崇、审美超越的缺乏、乐观主义的历史观、古典自由观和现实主义文艺观等八个方面。这些论断可以商榷的地方是显而易见的,这里不作一一驳斥,现仅从美学与科学方法论的角度来谈谈自己的看法。

章辉认为,美学的人文性与自然科学的认识论和方法论是背道而驰的,所以在20世纪80年代的科学方法热的背景下,实践美学家如李泽厚、周来祥等人,“以自然科学方法来结构美学体系,以客观的立场、冷静的态度概括抽象审美文化现象,屏除了美学研究中的生命体验,导致美学成为‘冷美学’”[1]。所以,美学学者更多的是行动者而非旁观者,如果没有切身的审美感受,没有现代性的审美活动,这样的美学研究是可疑的,美学的人文纬度也会被遗忘。

章辉的这一论断不仅没有把握住实践美学对工具本体和科学方法论强调的用意所在,也没有认识到在当今历史语境下美学发展的大势所在。一方面,实践美学者强调工具本体与科学方法论是从科学与审美统一的角度来论述的。因为审美和科学在探求自然奥秘的时候,都会面临主观目的的追求和客观规律的呈现如何统一的问题。在这个问题上,科学与审美是有共同性的。从历史发展和当代情境看,科学与审美一直都是可以并行的,并不是运用科学方法研究美学问题就直接导致对审美的疏离。李泽厚在《美学四讲》中对这种简单否定工具和科学与审美之间关系的看法就直接发出过质问。实践美学对科学方法和工具技艺与审美关系的

[1] 章辉.实践美学:历史谱系与理论终结.北京大学出版社,2006.166.

研究正和当今时代对审美研究的要求相适应。在20世纪认识论审美化的历史趋势之下,对于认识、科学和现实的审美性质的认识是时代发展的必然。这一观念“正在渗入当今所有的学术领域。不论是符号学还是系统论,不论是社会学、生物学还是微观物理学,我们处处可以看到,没有原初的或终极的基本原理,相反恰恰是在‘基本原理’的范域之中,我们陷入了某种审美的建构”[1]。可以说,科学与审美的结合已经得到普遍的认同。这样的审美意识“早就渗入了社会和个人心灵的毛孔。无论如何,它远远超过了学术界盛行的忧虑和公关修辞防御性的辩解愿意承认的程度”[2]。章辉等人把实践美学与科学结合看做是“古典的”的看法反映了其理论视界的狭窄。

但是,如果我们看看章辉关于实践美学与现代性的关系的论述,可以发现他借用了存在主义美学、生命美学、分析美学以及东方美学等思想资源,思路不可谓不开阔,基础不可谓不雄厚,言辞不可谓不犀利:“从现象学视野看,实践美学忽视了存在本身;从存在主义美学看,实践美学缺乏对生命的尊重;从分析美学的角度分析,实践美学存在语言误置等等缺陷。当然,我们还可以引入其他参照系,比如东方美学看实践美学的逻辑言路。”[3]实际上,章辉引入了太多的现代西方哲学,仅仅运用其概念性的话语进行批评。这正像马克思在《巴黎手稿》中所批评的那种做法:“不学无术的评论家则企图用‘乌托邦的词句’,或者还用‘完全纯粹的、完全决定性的、完全批判的批判’……等等一类空话,来非难实证的

---

〔1〕 沃尔夫冈·韦尔施. 重构美学. 上海译文出版社,2006. 31.

〔2〕 同〔1〕.

〔3〕 章辉. 实践美学:一段问题史. 人文杂志,2004(4).

批判者,以掩饰自己的极端无知和思想贫乏。"[1]更有意味的是,当章辉在批评实践美学"人类中心论"的缺陷的时候,他的逻辑言路、参照标准和结论无不是西方哲学、美学思想的衍生物,他在不知不觉间已经陷入了"西方中心论"的思维模式中去了。这是令人可惜的事情。

三、实践美学的审美现代性

马克思向来被称作现代性的"第一位批评家"。他的现代性理论从政治经济学的角度出发,特别从生产方式和社会经济运动的角度探讨了现代性的问题。他对西方资本主义社会、政治、文化的批评揭示了资本主义深刻的矛盾:资本主义既是一种巨大的解放力量,也是一种巨大的压迫力量。这一冲突也正是现代性理论的核心命题。归纳起来,马克思的现代性理论可以包括以下八方面内容:① 现代社会是动态的和导向未来的,扩张和工业化塑造了现代性的主要特征;② 现代社会是理性化的社会;③ 现代社会是功能主义的;④ 科学而不是宗教成为知识积累的基础;⑤ 传统风俗习惯消解了,传统德性丧失了,某些价值和规范变得越来越普遍;⑥ 创造和解释的经典衰落了;⑦ "真理"与"公正"的概念多元化了;⑧ 现代世界的不可思议和人的偶然性并存。[2] 马克思的现代性理论被后人称做"现代性的革命动力学",体现了马克思现代性理论深刻的理论力量和阐释价值。张玉能认为,在《巴黎手

[1] 马克思.1844年经济学哲学手稿.人民出版社,2000.3.

[2] Agnes Heller. *A Theory of Modernity*. Oxford: Blackwell, 1999. 31-34. 见周宪.审美现代性批判.商务印书馆,2005.19.

稿》中,马克思的现代性理论"尤其具有审美现代性的品质"〔1〕:第一,确定了审美、美和艺术都是在生产劳动的过程中生成的,而且处于不断的变化发展过程中;第二,确定了审美、美和艺术是在社会实践过程中确定审美关系的结果,从根本上消解了审美的普遍有效性,也就从根本上消解了审美的主观合目的性;第三,把人类审美活动植根于创造世界的实践活动基础之上,敞开了审美活动的无限可能性。实践美学正是在《巴黎手稿》审美现代性品质的基础上建构了自己的理论体系,并与马克思的现代性理论具有天然的联系,从而获得审美现代性的理论品质。

马克思的唯物辩证法和实践发展观使马克思主义充满了自我反思的精神品质。实践美学立足于马克思的实践观,在一定程度上也具有自我批判和自我反思的品质,是一种具有开放性和生命力并与时俱进的美学形态。它可以清醒地认识到自身的不足并不断自我创造和自我超越,从而把握自身的生命本质。李泽厚多次强调,实践美学还没有开始,广大学者可以一起努力做起来,就是实践美学这种理论品质的反映。那种认为实践美学已经到达了"理论终结"的观点正是没有认识到实践美学的这一品质而妄下的结论。如果实践美学已经丧失了自我超越的能力,那它的生命早已枯谢而终止,不要说可以成为当代中国的主流美学,就是在学界存在也是不可能的事情。那些所谓的生命美学、超越美学、系统进化论美学在美学界的昙花一现不正证明了实践美学旺盛的生命力和理论的合理性了吗?

从实践美学的理论内容来看,它完善了马克思主义哲学中一

〔1〕 张玉能.后现代主义与实践美学的同步.江汉大学学报,2002(4).

些具有开放性质的命题，提出自然人化的理论，对康德审美判断力的先验立法地位是一个有力挑战，而康德美学是古典美学的最高成就，实践美学的崭新路径和理论探索由此具有真正的现代性品质。另外，作为实践美学重要组成部分的朱光潜美学积极吸取西方现代哲学，尤其是具有现代审美反思能力的尼采、克罗齐等人的美学，从具体的审美经验出发，强调审美主体在审美活动中的主导作用，也使其美学理论具有现代性的品质。朱光潜在美学大讨论时期对于美学理论的建设和美学理论的反思品质极为重视，能够时时反思实践美学理论建立过程中的不良倾向。在论争之初，他就针对当时美学界简单地不加分析地套用列宁《唯物主义与经验批判主义》一书中的反映论的做法给予理性矫正。但是，对于列宁的反映论与美学研究的关系，朱光潜也不是机械来看的。他说："列宁的反映论是否就完全不能适用于美学范围呢？如果说它完全不适用，那也是荒谬的。"[1]从朱光潜后半生的美学实践来看，他对美学问题的反思一直贯穿其中。从美学的理论建构到翻译国外美学著作以充实自身，都使朱光潜的美学思想处于不断地自我更新、自我完善的动态过程之中。这种对自身理论反思的品质不仅在朱光潜的美学思想中是一以贯之的，而且在其他实践美学家的理论中也具有本体的意义。蒋孔阳的"美在创造中"、周来祥的实践和谐论、朱立元的实践存在论、刘纲纪的实践自由论等等，都是实践美学不断反思前进、自我更新的理论成果。比之于实践美学终结论者，或者一些所谓的后实践美学者的美学主张，实践美学的反思品质更为突出。那些后实践美学者大多具有急功近利的心

〔1〕 朱光潜. 朱光潜全集：第5卷. 安徽教育出版社，1996. 66.

态，一直在攻击实践美学和建构自己的理论主张之中忙碌，没有机会停下来反观自身。可以说，后实践美学家们应该从实践美学家这里学习一下他们对自身理论体系不懈努力进取、时刻反思突破的精神品质，这一点或许更为重要。

同时，实践美学还时时根据时代的变化作出理论调整，以使自身的理论建设能够积极应对时代提出的要求，并对时代的审美思潮及发展走向作出指导和评估。李泽厚的实践美学理论在这方面堪称代表。可以说，以李泽厚为代表的实践美学从没有离开现实语境而自我陶醉，而是时时注意观察、思考社会现实的变化，完善自身，从而为时代审美的正确走向提供思想资源。在大讨论时期，李泽厚的实践美学观就以其观点新锐、理论根基深厚在论争中立于不败之地。20 世纪 60 年代，李泽厚的实践美学思想进一步深化，并在《美学三题议》中提出“自然人化”的观点，以此解释美的起源和美的本质问题。70 年代末到 80 年代初，李泽厚实践美学走向成熟阶段，他在《批判哲学的批判》、《康德哲学与建立主体性论纲》以及《关于主体性的补充说明》等著作中详细论证了其主体性哲学及美学，实践美学的核心精神得到了阐明，并直接触发了刘再复启蒙文论的形成，在当时整个思想界和年轻一代人中具有极强的号召力。这一时期，他的“救亡压倒启蒙”、“积淀说”、历史唯物论就是实践论以及“以美启真、以美储善”等观点一度让人们把李泽厚哲学美学看作是激进的哲学美学的象征。正是在这个时期，李泽厚的主体性哲学和实践美学一下被推到了风口浪尖，实践美学的价值得到了普遍认可。它适应了当时整个社会涌动的解放思想、打破禁区、从僵化机械的反映论和形而上学唯物论中挣脱出来的思潮，并为这种思潮提供了理论依据，对长期统治我国的僵化的哲学形成巨大冲击。这在当时社会正好解决了理性与感性、社会与自然、群体与个体之间的矛盾关系，为个体感性生命的存在提供了有效的理论资源，给个体与感性留下发展空间，使个体本身的生命存在获得了充分的意义。从90年代后期到现在，在后现代社会的散文世界里，爱情变为放纵与狂欢，对神的信仰变成机器支配的日常，人们普遍处于"反认他乡是故乡"的人生回味状态。在这种历史语境下，李泽厚的情感本体美学把情作为人生的最终存在与根本，反对理性作为本体吞并认知和情感，深入探讨了现代社会人们复杂多变的情理结构。情感本体"是开发自己的智慧、能力、认知的起点，也是寄托自己的情感、信仰、心绪的终点"[1]。

通过多年的研究和思考，朱立元提出了实践存在论美学，这是实践美学在新世纪中国美学多元化发展格局中诞生的新的美学理论。实践存在论美学是以存在论为基础，超越传统美学主客二分的认识论，返回到人与世界最本原的存在的美学。朱立元借鉴了海德格尔的命题——"此在在世"，"人在世界中存在"，强调人与世界在原初的不可分离性。马克思说："人不是抽象的蛰居于世界之外的存在物。人就是人的世界。"[2]在马克思看来，人不是作为一种现成的东西摆放在世界上，世界也不是作为一个现成的场所让人随意摆放，相反，人是从事实际活动的实践着的人，人在世界中存在，就意味着人在世界中实践；实践是人的基本存在方式；实践与存在都是对人生在世的本体论（存在论）陈述。因此，朱立元把实践论与存在论有机地结合起来，使实践论立足于存在论根

〔1〕 李泽厚.情本体在今日.朱志荣.中国美学研究：第2辑.上海三联书店，2007.

〔2〕 马克思恩格斯选集：第1卷.人民出版社，1997.1.

基上，存在论具有实践的品格。从实践存在论出发，美学就能够超越主客二分的认识论思路，突破实践美学的一些局限性。因此，实践存在论美学研究的基本对象不是美或美的规律，而是人与世界的审美关系，是审美关系的现实展开即审美活动，从而架构出审美活动论、审美形态论、审美经验论、艺术审美论和审美教育论的逻辑体系，是当代中国美学的创新和发展。

所以，章辉认为"实践美学把神圣的光环扣在人类的外在性力量上，人的最根本的存在却失落了，审美活动的理想性批判性，其对于生命意义的构筑都在视野之外"[1]的观点不仅没有正确理解李泽厚美学思想的发展潜力，也显然忽视了李泽厚以外的其他实践美学者在其发展过程中的价值、意义和实质。那种认为实践美学不具有审美现代性的观点也就不具有合理依据了。

〔1〕 章辉. 实践美学:历史谱系与理论终结. 北京大学出版社,2006. 211.

后　记

我写实践美学的论文大概始于1984年，那时正逢研究《巴黎手稿》热，我写了一篇相关的美学论文，可惜后来在投稿过程中丢失了。那时是手抄稿子，抄一遍很不容易。后来出现了一大批这方面的论文，我大概也觉得自己此前写的未必有多大价值了。这也可能是自己没有珍惜这篇稿子而导致它散失的原因之一。1990年前后，我又写过一篇类似的论文，投稿后也没能发表，现在也不见原稿了。到1992年开始读博士生时，导师蒋孔阳教授是实践美学的代表人物之一。朱立元教授此前有研究《巴黎手稿》的专著尚待出版，实践美学方面的研究主要是在此后集中开始的，张玉能教授也主要是在此后陆续开始写这方面的论文的。他俩虽然是我的师兄，但无论从年龄上还是从资历上，都是我的老师辈了。其他师兄弟包括我，大都反而不太从实践美学这方面入手从事研究了。

20世纪90年代以前有批判李泽厚先生的论文，还有与蒋孔阳先生商榷的论文，但都不是后来的所谓后实践美学。2002年以后，批评实践美学的论文逐渐增多，而且来势凶猛。我倒开始认真地反思起实践美学来了。

反对实践美学的学者，有的是观点使然，有的是观念使然，有的是追风使然，也有的则出于投机心理——先站在庞大的实践美学学者中间,发现湮没无闻,遂走向对立面,希图哗众取宠。另外还有一种不正常的看法,就是认为凡是坚持和发展实践美学的,就是落后、保守的;凡是反对或超越实践美学的,就是进步、开明的。李泽厚先生一次在电话中对我说:“实践美学不是终结了,而是刚刚开始。”我同意这种说法。

如果我们的学术研究一直只是注重追求时尚,只问耕耘,不问收获,那么就会导致所有的学术思想和流派都等不到发展就被扼杀在摇篮里,其结果我们的美学界就像是猴子掰苞谷,掰一个扔一个。若干年后,我们就会对学术界无所贡献。中国学术界的教训是,在试图驳斥别人、打垮别人的破坏性上花的功夫很多,而在建设性方面则做得非常不够。说别人缺点的时候慷慨激昂,很少考虑自己的那点成绩也许非常经不起推敲。

20 世纪的中国美学,主要有三个方面的贡献:一是评介、引进西方美学,这方面的队伍非常强大,也确实是现代形态的美学在中国形成和发展的基础,推动了美学乃至整个人文学科的发展。二是以西方美学为参照的中国美学史研究,这方面也已经取得了令人注目的成就。三是马克思主义美学研究和当代美学理论的构建,实践美学就是其中的最重要的贡献。

我们要承认马克思作为卓越的思想家,他的思想作为人类宝贵的精神遗产是值得我们学习、继承和借鉴的。我们很多激进的学者对卢卡契、本雅明等西方马克思主义者很崇拜,为什么总是喜欢把中国马克思主义与教条主义混为一谈呢?实践美学是 20 世纪中国最大的美学流派,是中国美学界对美学学科的最大贡献。尽管它与一切学术思想一样,在形成过程中确实有着种种不足,需要扬弃、修正和发展,但不能因此就加以扼杀。经过实践的检验,我们也看到了其中的价值和贡献。

我认为，当代人文学者中虽然有许多很聪明、很勤奋的人，却很难做出具有世界影响的卓越的成绩，其根本原因就在于脑子里有很多顾忌，思维有禁区，情绪化地划界，拒绝客观了解和评价某些观点，缺乏海纳百川的胸怀，或用信仰代替思考。虽然嘴上讲要兼容，实际上不愿去做。对于那些激进的学者，我倒要问一句：既然大家都口口声声说能容纳百川，为什么就不能容纳马克思这一"川"？对于马克思的学术思想，我们如果不带偏见、不做教条的理解，就可以看出，它并不是束缚我们学术创新的教条，它对我们的研究有着很多的积极意义。

至少到目前，我个人不是实践美学学者，对实践美学思想的形成和发展也没有直接的贡献，用徐碧辉女士的话说，是实践美学的同情者和支持者。站在美学史和现代性的立场上对实践美学的价值及影响作一番认真的研究和总结，客观评价他们的发展脉络和价值及影响，当然也包括对他们的不足进行考察，不但是对实践美学学派负责任的态度，而且也是对整个美学界负责任的态度。所以，实践美学虽然不是万能的，也不能涵盖美学的全部领域，但它确实给我带来了深刻的启示。本书从实践美学的缘起出发，一直讲到新近的实践存在论美学。有人说实践美学已经过时，你现在为实践美学"扛幡招魂"，是思想僵化的表现。那就让他们说去吧！每个人都有坚持自己学术观点的权利，这样才能体现出真正的"百花齐放，百家争鸣"的学术民主。

写一本概括和总结实践美学的特点及影响的书是我近五年来的一桩心愿，我对此早已作了构思和准备，可是由于这两年家里的特殊情况，加之调动、搬家的折腾，一直不能定下心来，现在看着丛书出版在即,而书稿尚未最后完成,于是就请我的硕士生王怀义同学根据我的研究计划执笔撰写了第一、五、六、七、九、十二章,其余部分则由我执笔,最后由我统稿。怀义同学年轻好学,勤于笔耕。20 年前,我在他这般年龄的时候就已经开始著述了。现在的研究生跟我们当年已经很不一样了,他们面对的诱惑很多,能像他这样立志治学确实已经难能可贵了。我祝愿他在自己不断取得的成绩的激励、鼓舞下成长起来。

朱志荣

2007 年 12 月 12 日